# 突破极限

## 创造力经济的动力机制

启 凡
著

東方出版中心

图书在版编目（CIP）数据

突破极限：创造力经济的动力机制 / 启凡著. —
上海：东方出版中心，2021.12
ISBN 978-7-5473-1934-5

Ⅰ. ①突… Ⅱ. ①启… Ⅲ. ①创造能力 – 影响 – 世界
经济 – 经济发展 – 研究 Ⅳ. ①G305②F113.4

中国版本图书馆CIP数据核字（2021）第253462号

突破极限：创造力经济的动力机制

著　　者　启　凡
策划编辑　潘灵剑
责任编辑　戴浴宇
封面设计　钟　颖
内文设计　陈绿竞　钟　颖

出版发行　东方出版中心
地　　址　上海市仙霞路345号
邮政编码　200336
电　　话　021-62417400
印 刷 者　山东韵杰文化科技有限公司

开　　本　890mm × 1240mm　1/32
印　　张　9
字　　数　166千字
版　　次　2021年12月第1版
印　　次　2021年12月第1次印刷
定　　价　68.00元

# 目 录

# 引　言

本书凝结了作者十年的思考，希望能触发读者一点新思维、一个新创意、一个新想法、一个新念头。

第二次世界大战后，在核威慑力量相互制衡的背景下，人类赢得一个非常宝贵的和平发展时期，但是人类经济与社会发展的道路并非一帆风顺。就说最近 20 年内，科技上，人类享受到了互联网数字技术带来的增长红利。但是在金融方面，美国于 2008 年开始经历了严重的金融危机，历经十年调整，发达国家才缓慢进入新的发展阶段；欧盟内部更是面临结构性的变化和调整；日本经济刚走出了低迷的 20 年。

中国在深入推进改革开放的历程中，国运亨通，国民享受到了制度的优越性，进入了经济社会全面发展的新时代。中国在取得人类历史上最伟大的经济增长、消除贫困、科技进步、社会进步的同时，各方面也还面临很多新问题、新挑战，改革开放进入“深水区”。

当今世界面临的问题很多。除了继续维持实力均衡、维系全球和平之外，还有就是全球经济如何持续、健康、全面发展的问题。探讨人类的终极去向和归属，追求向火星移民，为时过早。科学研究与人文探究，从来没有止境，我们必须面对现实。

民族复兴，国家昌盛，企业发展，形势逼人，不进则退。在进入21世纪竞技场的关键时期，可供挖掘的显性资源，如自然资源和劳动力资源，必然是有限的，中国经济增长进入新常态，亟待挖掘的是无穷的隐性资源：人的智慧与创造力！

创造力一词的英文为 creativity，英文解释为 the ability to create（即“创造的能力”）。创造区别于创新。创新的英文为 innovation，英文解释为 a new idea, way of doing sth（即“新思想、新方法”）。

本书直面问题，寻找新的创造力经济发展路径。在未来十年、二十年甚至更长时期，中国人民要挖掘大脑资源，发掘创造力，发展创造力经济，推进科技创新（科创），发展文化创意（文创）。科创与文创结合，个人创造力要发挥，群体智慧要整合，企业创新要突破，教育体制机制改革要推进。只有宏观、中观、微观三个维度全面发力，才可以系统性地筑牢民族复兴的创造力“地基”。

本书的目的在于尝试探索科技创意与文化创意的产业化的机制与路径，提出创造力经济的动力机制。

对创造力经济的研究有几个“门派”：生理学、心理学、神经学、基因组学、分子生物学、历史学以及交叉学科。

本书的作者是一位对科技地理科学、区域经济学、科技金融学感兴趣的研究人员，尝试把人的科技创意和文化创意放到特定历史时期和特定空间环境下，结合人类当下的经济活动方式和产业发展模式，探讨可能的改良方案。本书是作者研究科技金融与文化金融大课题的成果，后续作者将陆续分享科技金融与文化金融研究的有关专题成果。

《爱因斯坦自述》的简介中有这样一段话：“一个人的价值，应该看他贡献什么，而不应当看他取得什么。科学是永无止境的，它是一个永恒之谜。科学研究能破除迷信，因为它鼓励人们根据因果关系来思考和观察，走过的弯路、犯过的错误并不是坏事，更不是什么耻辱，要在实践中勇于承认和改正错误。”

爱因斯坦说：“我在少年时代就已经深切地意识到一个道理，即大多数人为追逐一些毫无价值的东西而花费了自己毕生的时间。”什么是有价值的东西，各人有各人的理解和选择。爱因斯坦选择了一生不懈地探索宇宙及大自然的运行真理。

任何人都是特定时空的产物。爱因斯坦“颠覆”了牛顿的经典力学理论，那是因为他把物理学推进到了更深的量子力学时代。爱因斯坦到老还对海森堡的量子运动“测不准关系”和玻尔的“互补原理”心存纠结。1962 年 11 月 18 日，玻尔逝世时，人们在他工作室的黑板上发现了两张草图，其中之一就是爱因斯坦的“光子箱”。人类的科学事业和创造力的发挥充满了怀疑、论证、挑战，也充满了追求真理的无限美感。

创造力的研究并不抽象，不是形而上学，是用来解决宏观、中观、微观领域的具体问题的。创造力的研究也算不上理论科学，也不是应用技术。创造力经济学也不是一门用来赚钱的学问。本书无意探究一个绝对真理,所有的看法和观点都是为了启发一个新的思考,没有结论。

创造力的本源是创意。创意既体现为个人智慧,也体现为群体智慧(如种族智慧或团队智慧),还体现为区域智慧(如城市智慧或国家智慧)。个人智慧发展到群体智慧、组织智慧、区域智慧,不是创意的算数叠加,而是指数级爆发(类似智慧的核裂变反应)。任何一个国家、一个民族,任何一个人,激活自有创造力是很必要的。把握了这个"原理",我们可以解答很多疑惑,也可以通过自我的自发行动,或组织的有意识的行为,解决很多具体问题。

本书讨论了如下有趣的疑问:

如果您是一位政府工作者,如下问题或许值得关注:科技史上的"李约瑟之问""钱学森之问",涉及中国科技发明、教育机制、人才培养的思考。从历史空间的角度,"四大发明"为什么出现在中国?"文艺复兴"为什么出现在欧洲?"硅谷"为什么出现在美国加州?"好莱坞"为什么搬不到上海?

如果您是企业家,也许会为您的创业选择作出判断。英特尔、谷歌、苹果为什么在硅谷?为什么马云能在杭州创业成功,而上海为什么没有 BAT(百度、阿里巴巴、腾讯)?任正非创立的华为为什么在深圳崛起?你要就业,或者创造企业,是选择北京中关村、上海浦东张江、深圳南山,还是去杭州、南京、成都、西安?这些思考题得有参考答案。

本书穿插的很多创造力爆棚的大名人的故事,也许对你有用。日本的企业家为什么那么牛?我们的民营企业可以像日本的长寿企业一样传承久远吗?

本书还解释了为人父母者经常遇到的一些烦恼。是不是要送孩子出国深造?我们要不要为孩子读书去购买高价学区房?我们是不是要将孩子从一个学校转学到另外一个学校?我们为什么总是希望自己或者孩子进入著名大学学习?爱因斯坦儿时的表现与长大的表现差别在哪儿?为什么莫扎特天赋很早就爆发?

如果你恰巧从事设计、电影、电视、时尚等文化产业,本书会涉及时空整合模式下的 IP(Intellectual Property,翻译为"知识产权")打造。艺术家来自哪儿?会在哪儿扎堆?艺术和文化产业形成的过程有什么诀窍?本书既有前人研究的成果分享,也有作者的总结和思考。

投资人经常很困惑,是"投资赛道"还是"投资选手"重要?孙正义投资马云阿里巴巴的成功,可以再次复制吗?科技创新是偶然的,还是必然的?

同时,本书还提出发挥人的创造力可以帮助解决一些大大小小的问题。

一是创造力有助于解决全球不平衡发展的问题。从全球的角度,人类一直在解决冲突与对抗、富裕与贫困、发展与衰落、集权与分权、民主与独裁、开发与保护等问题。全球的资源、人口及其消费总量是全球竞争与斗争的根源。在无法用战争解决问题的背景下,更高明的办法是，人类对科学和智慧的分享。

二是创造力有助于提振国家软实力。政府一直在努力突破有限供给与无限需求之间的矛盾。但是，任何国家的有限供给与无限需求之间的矛盾都长期存在，这也是各国政府施政纲领最关键的环节之一。人类历史告诉我们，只有科学技术进步，人的创造力得到相当发挥，并产业化应用，短期内的矛盾才能缓解。

三是创造力已经是大部分现代企业实现竞争力的核心要素。企业在人、财、物方面存在紧缺怪圈，企业家殚精竭虑地组织经济要素，最不能缺少的是挖掘人力资源潜力。企业的智慧是群体智慧，需要把握群体智慧形成的规律，避免“乌合之众”的弊端。

四是创造力是神秘的基因遗传留给人脑的一次“机会”，创造力决定个人的才能甚至财富。发现创造力、培育创造力、应用创造力，既是自我意识的组成部分，也要依靠复杂的外界环境提供条件。个人需要突破先天的生理或心理局限，充分发挥创造力，做到个人成就的极致。

发展实体经济还是虚拟经济？我们必须抓住一个本质，国家的财富和经济增长，必须依赖于创造有价值的东西。不管是实体的，还是虚拟的，只要是来源于“创造”，必然生成新的财富。纯粹通过本身就是附着于价值的货币的衍生模式来推动的经济增长，后果是很严峻的。创造力经济是虚实兼顾的新经济。

毋庸置疑，在创造了中国历史最大的人口、最大的 GDP 总量的当下，我们正面临内心的拷问，我们正面临财富未来去向的恐惧，我们正面临创造力被国际竞争所挤压,那么,我们如何迎接民族复兴的时代?

让我们一起来,发掘创造力!

# 第一章 | 突破发展极限

什么是好的经济制度，一个好的经济制度就是鼓励每个人去创造财富的制度。

——亚当·斯密(Adam Smith)

个人、家庭、企业财富增长是我们努力奋斗的一大目标。经济增长是国家、地区及全人类共同直面的主题。但是，在个人的时间和精力、企业的资产、地球的资源供给总是有限度的前提下，我们突破增长极限的努力并非事事圆满。

## 一、人的极限

人是大自然的产物，人类的祖先在进化过程中，在纷繁复杂的物种中闪亮胜出，成了智慧人。但是，人的身高、体重，人的跑跳、举重等体能，以及连续工作时间，都是有极限的。

就说身高吧。我国一位名叫詹世钗的清朝人,出生于 1841 年、卒于 1893 年,据说拥有 3. 19 米的身高。不同于其他巨人的基因突变或是巨人症,詹世钗属于“青出于蓝而胜于蓝”的正常发育。据记载,詹世钗的父亲詹真重,身高约 2. 48 米,二子詹世钟也与父亲差不多高。詹世钗曾在上海玉映堂墨厂做工,后被美国人重金聘请,周游世界表演,后入英国籍,娶英国人为妻,晚年客死英国。

人们经常开玩笑说,人再高也高不过长颈鹿。是的,世界上现存最高的陆生动物长颈鹿,站立时由头至脚可达 6~8 米,体重平均约 700 千克。

世界上有一位叫乔恩・布劳・明诺奇(Jon Brower Minnoch)的人,体重达到 1 400 磅(约 635 千克),算是迄今史上最重的人。

蓝鲸是地球上最大的动物,它的重量可达 160 吨,平均长度为 24 米。1947 年 3 月 20 日,在南大洋捕获的蓝鲸标本重 190 吨,长 27. 6 米。

尤塞恩・博尔特(Usain Bolt)也许算目前世界上跑得最快的人,他是 2016 年奥运会男子 100 米、200 米世界纪录的保持者。2008 年 8 月,在北京奥运会男子 100 米比赛中,他以 9 秒 69 的成绩打破了自己保持的世界纪录(10. 31 米/秒),并在随后的 200 米比赛中,以 19 秒 30 的成绩打破了迈克尔・约翰逊创造的世界纪录。

世界上跑得最快的动物猎豹,速度可达 130 千米/小时,差不多 36. 1 米/秒,比博尔特跑得快很多。

厄尔・麦尼考尔特(Earl Manigault,1944—1998),出生于美国南

卡罗来纳州查尔斯顿，美国街头篮球运动员，绰号“山羊”（The Goat），被誉为是“NBA之外最伟大的篮球员”。1962年，他上高中的时候，身高1.88米，而他的弹跳高度居然达到了不可思议的1.53米。

2004年8月26日，雅典奥运会上，伊朗选手侯赛因·拉扎扎德以抓举210公斤、挺举262.5公斤、总成绩472.5公斤的优势夺得金牌，并同时打破由他自己保持的世界举重最高纪录。但这比大象的举重能力还差很多。

人类自身的潜力很大，但是要靠拼肌肉，拼不过很多大型动物，更拼不过人类发明的机械装备。

## 二、自然的极限

人类经典三问：我是谁？我从哪里来？我到哪里去？

遗传学家会淡定地告诉你：人类是化学反应产生的某种生物。人类共同的母亲是地球。地球属于太阳系的一员，太阳系属于银河系的一员。

地质学家认为，地球大致形成于46亿年前，而太阳形成于49亿年前，它们都产生于一片原始太阳星云中。这片星云有着上一代甚至几代恒星爆发产生的物质。在这片星云的中心位置，在氢和氦等物质最密集的地方，物质快速地凝聚在一起，太阳首先生成，当它开始发光发热后，行星地球也开始形成了。

根据万有引力定律，地球的质量是相对有限的，引力承载的物质也是相对有限的。我们赖以栖居的地球大地资源及大海资源，能够取之不尽、用之不竭吗？

地球历经板块运动，形成相对稳定的大洲大洋，陆地面积就保持在一个相对有限的尺度内。而根据不同纬度带和气候带，人类的可耕地相对有限。中国拥有 960 万平方公里的国土，但是可耕地只占全球可耕地的 7%左右。

那么我们是否可以通过精耕细作，通过技术加持，来实现土地的无限产量？这样不是就解决了十几亿人的口粮了吗？

我们的前人的确这么豪情万丈地进行过尝试。有史为证！

百度一下，找到我国农业大跃进的故事。

1958 年 8 月 13 日《人民日报》关于"亩产万斤"报道："湖北省麻城县的早稻生产又放异彩。根据湖北省、黄冈专区和麻城县三级早稻高产验收团联合查验证实，这个县的麻溪河乡建国第一农业社，在一点零一六亩播种'江西早'种子的早稻田里，创造了平均亩产干谷三万六千九百五十六斤的惊人纪录，截至目前，这是我国早稻大丰收中放射出的大批高产'卫星'中的'冠军'，它比安徽省枞阳县石马乡高丰农业社及本县平靖乡第二农业社先后创造的早稻高产纪录高出一倍以上。"

事实证明，在当时的农业生产力水平下这是做不到的。60 年技术进步，2017 年中国工程院院士袁隆平团队选育的超级杂交稻品种"湘两优 900"在河北省硅谷农科院超级杂交稻示范基地，通过了科技厅组织的测产验收，平均亩产 1 149.02 公斤。袁隆平院士未竟的梦想是把平均亩产提高到 2 000 公斤。

亩产万斤，固然是农业发展美好的梦想，但是我们至今也只能从一亩水田里获得千余公斤稻谷产量。土地的产能是有极限的！

所以，国家多次明确：坚决守住 18 亿亩耕地红线！这是由我国人口总量、土地最大潜能等综合因素决定的。

人类从驯化动物，到培育植物，历经数十万年。离开刀耕火种的年代，我们采取了土地改良、施肥、化学除草除虫，甚至最新的基因技术，希望对土地资源的开发能获得最好质量、最高产量的回报。人类这一追求是见效的，征服自然的理想是美好的。

“人有多大胆，地有多大产。”人定胜天的哲学曾激励人类敢于挑战自然、勇于战胜困难的意志和决心。但是，宇宙万物有其规律，土地生长万物的能力在某个时间段内是有极限的。

石油，被称为工业的血液，是与我们生活息息相关的天然原料。在西方发达国家，20 世纪 70 年代汽车已经普及，民众对石油供给的关心可想而知。

1973 年和 1979 年爆发了全球的“石油危机”，事后证明，石油危机有政治的因素，也有经济的因素，还有新闻传播的因素。总之，危机之后，很多人对司空见惯的去加油站加油的行为变得有所警惕：假如某一天，加油站无法提供石油了，我们的生活将会怎样？

古埃及、古巴比伦、古印度已经会采集天然的沥青。我国北宋政治家、科学家沈括在其著作《梦溪笔谈》中把“高奴脂水”称为“延川石液”。陕西高奴当地把石油作为燃料,沈括还把燃烧后产生的烟尘用来制作写字的墨。这是我国关于石油最早的记录。

1853 年,波兰南部开辟了第一座现代的油矿。1861 年,阿塞拜疆的巴库建立了世界上第一座炼油厂。在第二次世界大战期间,德国与苏联还就巴库油田发生了争夺。

1885 年,卡尔·本茨制成了世界上第一辆汽车。目前,全世界汽车保有量已经高达 10 多亿辆。每天,全球汽车需要消耗大量的石油。

人类对石油的消耗量,相比地球的石油储备,是一个并不复杂的数学题。人类对石油的占有、开采、运输、提炼、使用,体现了地球资源分布的偶然性。

截至 2018 年底,全球石油探明储量总量达 1. 73 万亿桶。其中中东石油资源探明储量 8 361 亿桶,占比 48. 3%,拉丁美洲石油探明储量 3 251 亿桶,占比 18. 8%,北美洲石油探明储量 2 367 亿桶,占比 48. 3%,欧洲石油探明储量仅为 143 亿桶,占比 0. 8%;亚太地区也只占到 2. 8%。

从国家层面看,据不完全统计,石油探明储量较高的几个国家是:委内瑞拉,达到 480 亿吨,占全球储量 17. 5%;沙特阿拉伯 409 亿吨,占比 17. 2%;加拿大 271 亿吨,占比 9. 7%;伊朗 214 亿吨,占比 9. 0%。

中国 2018 年探明石油储量 35 亿吨,算不上贫油国,但一定是一个石油需求大国。

随着对地球研究的深入，人类已经普遍认识到，土地资源、水资源、石油资源、天然气资源及其他矿产资源都是有限的，一些地球资源甚至面临枯竭。

所以，一些国家前瞻性地提出了发展新能源的战略举措！例如，我国大力推广新能源汽车产业，尽最大努力减少化石能源汽车总量。新能源汽车替代化石能源汽车虽尚需时日，但是这个大战略对中国的未来影响深远。

## 三、不平衡问题

人类总是在有限与无限之间、平衡与不平衡的矛盾之间前进。矛盾带来斗争。过去不会，未来也不会停下探索发展的脚步，也不会停下“战天斗地”的脚步。

1937 年 8 月，毛泽东发表了著名的《矛盾论》，这篇论著对中国革命以及 1949 年后的经济与社会建设，都起到了深远的影响。《矛盾论》开篇就说：“事物的矛盾法则，即对立统一的法则，是唯物辩证法的最根本的法则。”

人类现在面临的主要矛盾是什么呢？从面上讲，依然是人类对物质产品与文化产品的整体需求与全球经济增长是否能普遍满足人类合理需求的矛盾。从区域与结构上讲，还存在不同大洲、不同国家、不同地区的供需矛盾。从人类社会结构讲，依然存在发达与欠发达、富裕与贫穷之间的各方面矛盾。

假设人类可以划定一个“合理需求”的基本线的话,那么每一个国家或地区追求的经济增长目标就是这一条基本线。另外一个维度是,具体的某一个国家或地区,会有一些具体的人群超越、达到或没有达到这一基本线,从而需要通过一种相对可行的体制机制来调整和分配经济增长的成果。

分析经济增长的视角很多,看出的问题就不同,提出的解决方略也不同。

从空间轴的角度,也就是从地理空间的角度,在不同历史时期,不同大洲的不同区域,先天的自然资源不同,物质财富不同,进而引发精神财富的差异。每一个历史时期,不同的民族与人群获得的经济发展成果的总量差异、结构差异很大。所以,人类总是在某一个历史阶段,出现文明高地,出现文明国家。

从历史的角度,人类必然共享经济发展的整体成果,例如科技发展成果,文化发展的成果,或地球资源开发的成果。同时,也必然存在物质与军事、科技的不平衡,人口数量的不平衡,这些均可导致战争的发生,导致贸易争端,导致互补的交易,导致此消彼长的不平衡发展。

地球是不平的,人类社会也是不平衡的。人类掌握的科技水平也是不平衡的。在不平衡的机制下,出现了全球化条件下金融的不平衡,国际贸易的不平衡,产业分工的不平衡。

宏碁集团创办人施振荣先生,在 1992 年为了再造宏碁,提出了有名的产业微笑曲线(Smiling Curve)理论。也就是说,从全球科技产业来看,产业价值最丰厚的区域集中在价值链的两端,即研发和市场。没有研发能力就只能做代理或代工,赚一点辛苦钱。没有市场能力,再好的产品,产品周期过了也就只能作废品处理。位于微笑曲线的中间是制造环节。面对这一产业定律,是哭是笑?要站到微笑曲线的两端,才能笑到最后。

发展科技,发展人文,就是开发人的大脑,挖掘人的创造潜力。

正如亚当·斯密所言:“什么是好的经济制度,一个好的经济制度就是鼓励每个人去创造财富的制度。”一个国家或地区,如何建立一种符合某一个历史发展阶段的“趋近于合理”的机制,来促进,而不是阻碍人类开发自己的创造力?

个人如何开发大脑,挖掘个人潜能,创造更多成果?企业如何利用好人力资源,做大做强产业?一个国家如何教育国民,提高国民素质,人尽其才,物尽其用,创造出丰富的物质文化财富,既满足国民多元化的需要,同时为人类作出贡献?

这就是创意经济涉及的研究领域。也就是我们说的科技创新、文化创意两大核心板块涉及的研究范畴。

创意经济是基于人类自身大脑智力开发的经济模式。创意经济不以消耗地球固有资源为代价,而是开发人的大脑,通过技术发明、科技创新、文化创意等方式,提高人类对宇宙自然规律的掌握与应用,提升人类对资源开发的效率,提高人类对文化创意的体验,最终导向高质量的产业发展。

## 四、大梦无疆

荷兰阿姆斯特丹大学商学院系主任斯维·万宁(Tsvi Vinig)所著《犹太创业家》一书扉页罗列了一组数据：占世界人口总数0.2%的犹太人，掌握着全球36%的财富。《名利场》"全世界最成功人物百强排行榜"中犹太人占51席。史上最具影响力的世界100名人排行榜中，有7位犹太人。

犹太移民创立的著名企业有皇家壳牌石油公司、联合利华、德国通用电气、路透社、奥尔特曼公司、李维斯公司、雪铁龙、达索集团、高盛集团、彭博社、雅诗兰黛集团、萨奇广告、家得宝公司、拉夫劳伦公司、哥伦比亚电影公司等。

斯维·万宁揭秘犹太产业者的八大成功因素：追求成功的动力；敢于质疑与挑战；化挑战为机遇；利用网络集中群体力量；充分自信；与众不同的执行力；富有胆识与勇气；具有拯救和改善世界的雄心。

全球大约有1 450万犹太人，其中以色列有800多万，美国约有560万。以色列，就是充分发挥犹太人的传统，并坚决利用科学技术这把钥匙，开启了一个民族的立国和发展。

以色列的开国元勋西蒙·佩雷斯(Shimon Peres，1923—2016)的自传《大梦无疆》中，有如下感悟：

我们面临新的危险：容忍度的下降，民族主义的冒进，人们身处一个高度繁荣的世界，却没有广泛地分享这种繁荣，在同一国家的不同地区和不同国家之间我们看到不断加剧的不平等。然而，我依然保持乐观。

我们正处于人类历史上最迅速、最全面的转型期，从领土的时代跃向科学的时代。科学是没有疆界的。一个国家可以增加自身的科学成就而无须从他人身上掠夺任何东西。实际上，一个国家的重大科学成就可以提升所有国家的命运。

有史以来第一次，我们能够不以任何人失败为代价而取胜。创新者，而非政治家正在推动全球经济并且发挥最大的影响。

年轻一代必须要做的事情就是去帮助完成这一转型。年轻人是将不可能之事变为可能的人，是利用创造性和热情将有可能之事变为现实的人。不管是领导者赶上年轻人的步伐或是年轻人变为领导者，我们都不可避免地走向同一个方向。这条路充满荆棘，但它仍是唯一值得走下去的路。

从如下数据可以看到，以色列科技发展的成就：以色列聚集了250多个高科技研发中心；在纳斯达克挂牌的以色列企业数目仅次于美国，超过75家；高科技对GDP的贡献率超过90%，GDP的4.2%用于科技研发；人均专利申请量全球第一；以色列拥有4所世界级大学（世界排名前150），40%以上的人拥有大学学位，工程师比例大约为每万人140名（美国为85名）；占世界总人口0.2%的犹太人诞生了160多位诺贝尔奖得主（占总数的24%），近20年总计有10名出生于以色列本土的以色列人和以色列裔人获得诺贝尔奖。

西蒙·佩雷斯从一位领导者的角度，表达了以色列科技兴国的主张、思路及历史。前述这些数据只是以色列科技发展的部分成果。我们需要探讨的是，以色列领导人这种想法和做法及其成功的经验，是不是具有可推广的机制？是否具有可复制的可能？

## 五、突破极限

第二次世界大战以来，全球经济处于地球上有人类以来总量最大、增速最快的时期。这也引发了关于经济增长的“极限论”。

1945 年二战结束时，美国 GDP 从 1940 年的 2 270 亿美元上升到 1945 年的 3 550 亿美元，全球第一，占到了世界 GDP 的 56%，工业产值占到了世界的 40%以上，黄金储备更是占到了世界的 75%。由此可以粗算出 1945 年全球 GDP 在 6 340 亿美元上下。来源于世界银行的数据：1978 年，全球 GDP 达到 85 792 亿美元，相当于 1945 年的 13 倍；2018 年全球 GDP 总量为 857 908 亿美元，相当于 1945 年的 135 倍。

经历了两次世界大战的沉痛教训，人类向技术和知识资源开发领域进发。回顾历史，二战后全球 GDP 快速增长的主要因素是：

第一，科学技术推动了对地球天然资源的开发，如土地资源，煤炭、石油资源，矿产资源，水资源，森林资源等天然资源的利用效率大大提升。同时在利用太阳能、生物能源、潮汐能、风能等领域取得技术突破。

第二，国家与区域贸易体系、金融体系的形成，竞合关系的演进，加快了地球上不同国家与地区的生产要素组合，总体上提高了全球各种产业的绩效。

第三，二战后全球大多数国家发展了科学教育事业，普遍提高了劳动者的技术水平、管理能力，全球劳动者的综合工作效率得以提高。

第四，不同国家或地区，采取了不同的经济组织形式，形成了不同的经济体制和机制，但是从全球视野来看，无论是计划经济体制还是市场经济体制，都取得了巨大的经济组织绩效。

总之，全球 GDP 的发展，离不开资源总量利用与效能提升，技术水平提升，经济组织管理能力提升，配套贸易与金融体系提升这几个方面。

德内拉·梅多斯（Donella Meadows）等作者于 1972 年撰写的《增长的极限》引发了全球关注，一度成为畅销书。全球资源会不会枯竭？人类是否会真正面临能源危机？地球是否有末日？认同与褒奖有之，贬低与抨击亦有之。几十年过去了，该书一版再版。人们也逐渐认识到，低碳经济、生态足迹正在走入人类的生活。

现在看来，增长应被视为广泛的东西，它并不局限于地球生态和资源，也不局限于全球经济。我们人类自身的心智，所从事的各类活动，所创造的文化，其增长与局限，都是矛盾的统一体。

“增长的极限”也在不断警示人类，要探索创新的、可持续发展的经济增长路径和模式。在自然资源相比人类的需求总是存在稀缺的前提下，发挥人力资本、知识资源、智力资源对经济增长的拉动作用、促进作用，发展创意经济，构建富有创新潜力的区域经济增长体系，是近30年来新经济增长聚焦的主要论题。

我们再看中国的宏观经济与产业发展的情况。

从1978年到2018年的40年，中国经济创造了一个又一个奇迹。其中，GDP总量从3 679亿元到90.03万亿，增长了220多倍。过去30年，中国房地产规模总量是如何增长的？1990年全国才1 000万平方米；2000年达到1亿平方米，这1亿平方米中的70%~80%是房产公司造的；2010年正式达到10亿平方米；2018年达到17亿平方米。以这么快的速度，从1亿平方米涨到17亿平方米，增长16倍，这在全世界一百年历史上绝无仅有。

中国经济下一步如何发展？首先，要看到中国经济发展进入"新常态"：经济发展从高速增长转为中高速增长，经济结构不断优化升级，从要素驱动、投资驱动转向创新驱动。

在具有特殊经济背景、处于特殊发展阶段的当前中国，面临的问题和困难是：作为人口大国，资源消耗"总量"是难以回避的课题；经济高速增长，人民群众追求高质量生活，势必对物质产品和文化产品提出"质"的诉求。过去经济发展的模式存在资源和能源高消耗的情况，环境压力与日俱增。如何又快又好地发展经济？

其答案是：促进科技创新，发展文化创意，发展创意产业；开发大脑资源、智慧资源；开创新时期、新阶段的创意经济新模式、新增量。

技术创新理论（Technical Innovation Theory）首次由熊彼特（Joseph Schumpeter）等人在《经济发展理论》中系统提出。熊彼特于1912年提出，现代经济发展的根本动力不是资本和劳动力，而是创新。创新的关键就是知识和信息的生产、传播和使用。

在熊彼特的影响下，20世纪70年代形成了创新研究的“线性范式”，即认为技术创新一般经历“发明、开发、设计、中试、生产、销售”等线性过程。后来，创新研究的视野从单个企业内部转向企业与外部环境的联系与互动，有关创新研究转向“网络范式”，从而形成了“国家创新系统”理论。

新古典学派以索洛等人为代表，运用了新古典生产函数原理，表明经济增长率取决于资本和劳动的增长率、资本和劳动的产出弹性以及随时间变化的技术创新。

新古典经济增长理论（如米德的经济增长模型、索洛经济增长模型），哈罗德-多马经济增长模型，新剑桥经济增长模型，对经济增长的“创意”要素作了理论解构。戴维斯和诺斯的《制度变革与美国经济增长》（1971年）一书中，提出了制度创新理论。他们认为，所谓制度创新是指经济的组织形式或经营管理方式的革新。英国学者克里斯托夫·弗里曼、美国学者理查德·纳尔逊等人提出国家创新系统，认为技术创新不仅仅是企业家的功劳，也不是企业的孤立行为，而是由国家创新系统推动的。

曼弗雷德·费希尔等人提出，创新体系包括一组参与者或实体，例如公司、其他的组织和公共机构，它们在生产过程中，促进新知识的产生、使用和传播并相互影响。囊括整个创新过程的体系，包括具有某些共同特征的参与者群体（生产部门、科学研究部门、生产者服务部门），以及支配群体内部和群体之间关系的公共机构。

我们赖以生存的地球需要拯救。我们赖以生存的环境需要拯救。我们如果沿袭传统经济模式，以资源开发、能源消耗、劳动力累积产生的经济规模是有极限的。

站在 21 世纪，我们既要立足 5 000 年文明，也要心怀谦虚，冷静面对，动员十几亿人的智慧和努力，开发科学技术、开发大脑资源、开发人力资源，突破传统资源极限，面向美好未来。前景是无限的！

# 第二章
# 开发大脑经济

如果大脑像我们理解的那么简单,人类会不可思议地简单,但这是不可能的。

——里奥·沃特森(Leo Watson)

想知道那些卓越的科学家的大脑如何与众不同?可以研究科学家们的自传,这是触及他们内心的一种方式。达尔文、爱因斯坦、特斯拉这些伟大人物,必然对很多人产生了影响。但是从他们的自传中我们可以看到,他们都是鲜活生动的个体。他们有调皮的童年,遇到各种可能的成长风险,也有争取考高分、混文凭的痛苦回忆,以及纷繁复杂的人生遭际。但是,最吸引研究人员的也许是他们超群的大脑。

最著名的案例就是爱因斯坦逝世后,他的大脑被一位外科医生解剖,研究得知,他的大脑沟回与常人存在不同,同时大脑中的胶质细胞比例比常人要高。这不是可以证明爱因斯坦智力超群的铁证,只是一种研究的路径而已。

世界上最著名的“发明大王”尼古拉·特斯拉和托马斯·爱迪生怎么样呢?

尼古拉·特斯拉,1856 年 7 月 10 日生于南斯拉夫,后到美国爱迪生实验室工作,因为与爱迪生不和,在摩根财团的投资支持下,独立开展技术研发及商用推广。他一生取得约 1 000 项专利发明,包括收音机、雷达、传真机、真空管、霓虹灯管、飞弹导航、X 光摄影技术等。1895 年,他替美国尼亚加拉发电站制造发电机组,该发电站至今仍是世界著名水电站之一。1898 年,他制造出世界上第一艘无线电遥控船,无线电遥控技术取得专利。但这并没有使特斯拉腰缠万贯。特斯拉长年经济拮据,说明他并不是一位会赚钱的企业家。

特斯拉在他的自传中说:“本能是可以超越知识的。毫无疑问,我们的大脑中存在着一些能使我们感知真理的神奇的神经纤维,这是逻辑推理或其他任何主观努力都无法实现的。”

他还说:“某一时期,我沉浸在一种极致的快乐当中,而那是我这一生中有过的最幸福的精神体验——用大脑想象机械绘图和设计新机型。创造的灵感如清泉般不断涌出,唯一的困难就是得迅速抓牢它们。我想象中的设备零件是实实在在的,每一个细节都那么真实,甚至是最新的标识和磨损的迹象。想象发动机的不断运转犹如一幅迷人的景象,使我兴奋不已。当兴趣爱好发展成充满激情的欲望时,就会急速地朝着自己的目标前进。”

爱迪生出生于美国俄亥俄州米兰镇,职业发明家、企业家。爱迪生是人类历史上第一个利用大量生产原则和电气工程研究的实验室来进行发明的人。他发明的留声机、电影摄影机和改进的电灯对世界有极大影响。他一生的发明共有两千多项，拥有专利一千多项。爱迪生被美国的权威期刊《大西洋月刊》评为“影响美国的100位人物”第9名。

特斯拉与爱迪生的“恩怨情仇”江湖皆知，但是两位大神对对方的才华都是相互买账的。特斯拉说：“会见爱迪生是我生命中非常难忘的一件事。我惊讶于这个优秀的男人在没有先天优势和科学训练的情况下，竟取得了如此非凡的成就。”爱迪生惊叹特斯拉具有的科技才华。特斯拉认为爱迪生有企业经营才能。如果两位科学家的确存在分歧，恐怕就是科学家基因与企业家基因的“冲突”吧。

科学家兼作家里奥·沃特森有一句话：“如果大脑像我们理解的那么简单，人类会不可思议地简单，但这是不可能的。”是的，人的大脑不可思议，非常神奇。

## 一、神秘基因组

1953年，沃森（Watson）和克里克（Crick）等科学家通过X射线衍射实验，总结分析前人与自己工作的成果，提出DNA双螺旋结构模型，奠定了基因复杂功能的结构基础，遗传学的研究取得了突飞猛进的发展。

DNA是一种双螺旋结构的生物大分子，其基本组成单位是脱氧核糖核苷酸,每个单核苷酸又由 3 种比较简单的化合物,即磷酸、脱氧核糖和碱基组成。

染色体是遗传物质 DNA 的载体。人体的体细胞染色体数目为 23 对,其中 22 对为男女所共有,称为常染色体。另外一对为决定性别的染色体,男女不同,称为性染色体,男性为 XY,女性为 XX。在生殖细胞中,男性生殖细胞染色体由 22 对常染色体和 XY 染色体组成,女性生殖细胞染色体由 22 对常染色体和 XX 染色体组成。

人类基因科学的确是伟大的进步。2000 年 6 月 26 日,当人类基因组测序全部完成时,时任美国总统比尔·克林顿说:“我们今天正在学习上帝创造生命所用的语言。”威康信托基金会(The Wellcome Trust)迈克尔·德克斯特(Michael Dexter)说:“我认为成功绘制人类基因组图谱甚至比实现人类登月更伟大。这不仅是我们这个时代的杰出成就,更是人类历史上浓墨重彩的一笔。”

理查德·道金斯的《自私的基因》作了这样容易理解的描述:“人之所以为人的 DNA 核苷酸链,相互交织,呈雅致的‘双螺旋’。核苷酸构件仅有 4 种,可以把它们简称为 A、T、C 和 G。在所有动物和植物中这 4 种都是一样的,所不同的是它们缠绕交织在一起的顺序不一样。人类不同个体之间的序列也不相同。”

人体大约由 50 万亿到 70 万亿个细胞组成。这些细胞都是从一个起始细胞分化衍生而来。这个起始细胞的单细胞被称为合子(zygote)。DNA 寄居在我们体内。它不是集中在体内的某一特定的部分,而是分布在所有细胞之中。每个细胞都含有该人体的 DNA 的一套完整拷贝。基因确实间接地控制着人体的制造，其影响全然是单向的，后天获得的特性是不能遗传的。不论你一生获得的聪明才智有多少，绝不会经由遗传途径传给你的子女。新的一代都是从零开始。人体只不过是基因保持自己不变的一种手段。

基因的两个特点与我们讨论的创造力有关。

第一，个体是独特的、唯一的。父母把我们带到这个世界来，注定了这个世界上只有一个唯一的你。你既不是你父母的拷贝，你的孩子也无法复制你。我就是我，你就是你。所以，每一个人都是独特的。每个人都是独一无二的。每一个人拥有不同的性格、不同的思维模式和不同的行事习惯。人一定要开发“独特”的自己，而不是形成“共性”的人。这就是创造力的奇妙之源。

世界上任意挑选两人，其基因相似性超过99%。但是其他1%的差异，决定了我们每一位个体的千差万别。人类的故事很多都发生在这1%的空间里。例如普通视觉的人能够看到近一百万种颜色，居然有四色视觉的个别人被证实可以看到一亿种颜色，是常人的100倍。再次强调，每一个人都是“唯一”的。如果稀缺决定最大的价值，每一个人都是稀缺的。

第二，大脑脱离了基因的“本意”运行。人体只是基因的载体。基因把遗传信息注入个体后，基因就把一生的“命运”交给了个体。个体后天的差异之一就是大脑的运行。所有人都有一个共同点，那就是都拥有一个脑细胞数量超过1 000亿的大脑。你的大脑怎么运作决定了你的思维、感受和行动。成功者的成功要素可能有千百种，但大脑绝对是其中的关键。内莎·凯里的《遗传的革命》从表观遗传学的角度解释了生物多样性的道理。生物体从基因型到表观型之间存在着复杂和精细的调控机制,这属于表观遗传学(Epigenetics)的研究范畴。基因组序列包含了编码生灵万物的遗传密码,表观遗传就决定了个体发育与环境生存互动过程中,如何使用遗传密码,产生不同的基因表达谱和表现型,以更好地适应环境。也就是说,基因并不是“造物主”的操作系统,操作系统的运行与环境有关。人的大脑尤其是从合子细胞到人的一生都在受到环境的影响。人的大脑与环境之间“相互塑造”。从生化学的角度,人的大脑会根据环境因素产生不同的激素,从而通过指挥身体的某些“部件”做出应激反应。

第三,个体后天获得的知识和智慧不可以遗传。理解了基因的这个“毛病”,就可以理解,为什么我们要一代代地重复学习和接受教育。也可以理解,为什么我们找接班人、传承人是如此困难。

## 二、大脑超算系统

要探究创造力从何而来,必须找到神奇的大脑的工作原理。

科学家研究人类大脑已经取得巨大进步。前人已经通过解剖学、生理学、医学、遗传学、神经学等领域的努力,弄清楚了大脑的构造及基本功能。但是,“混沌”的数以亿计的神经元网络及其运行原理继续困扰着科学家。

随着物理、化学等领域的科技进步,大脑复杂性的谜团被进一步解开。目前已经在神经遗传学、大脑地图、大脑的可塑性、空间推理能力、记忆神经回路、遗传学技术激活和沉默神经网络、神经植入装置、大脑决策制定系统等领域取得长足进展。

非专业人士看到这些“术语”和新词汇，还是比较头晕。不急，首先，我们来对关于大脑的知识做一次“脑补”。如果你还停留在初中生物的基础知识阶段，那有必要升级到最新的知识。关于大脑研究的书籍汗牛充栋，很多书籍的知识表述并不一致，那是因为不同背景下发现的深度和准确度有所不同。

随着测量观察大脑的技术设备、技术手段的进步，新的发现不断地确定前面的假想，也在否定前面的一些局部的或者片面的发现。我们现在对大脑的认知，还停留在初级阶段。正如前面所言，过去十年，我们发现了关于大脑的太多的新知识。也许，十年后，我们还得继续更新这些知识。对大脑知识作一些了解，我们会发现，人的大脑真的是奇迹般的存在。

人类从19世纪末开始探索利用脑电图（EEG）和分析技术来辅助诊断脑部疾病，取得了巨大进展。核磁共振成像技术可以帮助判断脑梗死、脑肿瘤、脑炎症、脑外伤等情况。功能性磁共振成像技术通过测量血液含量，监测大脑的活动。正电子发射X射线断层扫描术、脑磁图技术等都有助于了解大脑的机能结构、大脑活动及病灶。人类正在采取DNA有关技术绘制人类大脑图谱。

大脑是人体最高端、最复杂的“智能装备”。打个比方，大脑可分为“硬件系统”“软件系统”“功能系统”。本质上，大脑是一个软硬一体化、协调统一,甚至超越思维能力的超级大系统。

借助电子信息等技术,人类对大脑系统的认识越来越深入。现在我们对大脑的硬件系统的结构、部件、层次、组织、细胞甚至基因都有了较准确的把握。而对大脑的软件系统及其功能系统的了解,虽然有了很大的进展,但是权威结论或共识还很不足,这也是人类继续研究与开发的主要领域。

人类的大脑可以说是自然界里最复杂的量子态生物计算机。人工智能希望模仿大脑的神经元工作机制或大脑算法,量子计算机已经进入实验阶段,其主要利用量子科学的原理,模仿大脑"思维"和"运算"。大脑的运行机制与量子计算有没有关联,有没有类似性,还需要科学家继续探索。

**(一)大脑的硬件**

凡是哺乳动物的脑,都有脑皮层、丘脑、中脑和边缘系统。人脑可以区分为三个部分:脑核(Central Core)、脑缘系统(Limbic System)、大脑皮质(Cerebral Cortex)。按照位置切分,人脑分为左大脑和右大脑两大块,各大块均包含四个部分,称为四个"脑叶"。人脑由三部分组成:大脑、小脑和脑干,三者各司其职、相辅相成、协调行动。

其中大脑是脑中最大部分,占脑重量的 85%左右。成年人的大脑重量约 1 300~1 400 克。左脑和右脑两个半球外层就是大脑皮层。为了突破颅腔的空间,人类的大脑皮层表面褶皱起伏,形成很多沟回。不要小看这套系统,人类的大脑对复杂事件的判断和敏捷反应的能力，是 10 台超级计算机也无法做到的。

研究证明，人脑的智力与大脑的大小无关。小脑占全脑体积的 10%，主要功能是维持身体平衡，调节肌肉的紧张度等。小脑体积小，但是却拥有大脑近一半的神经细胞。

脑干的功能主要是维持个体生命，包括心跳、呼吸、消化、睡眠等重要生理功能，均与脑干的功能有关。

### （二）大脑的元代码

大脑系统这个机器的"元器件"，也就是细胞组织得到进一步探明，有助于我们认识并开发这套系统。大脑的"元代码"应该就是数量庞大的神经元细胞。大脑的厉害之处在于其脑组织。2009 年，已有科学家计算出人的大脑有 860 亿个神经细胞，之后也有说上千亿个，总之非常庞大。

更为厉害的是，神经元之间存在千丝万缕的联系，形成了一张超级复杂的"生物计算机"、"超算云计算网"、可跳跃运算的"量子计算系统"。神经元之间的连接点称为触突（axon），触突的总数多达 1 014~1 015 个。这些数字未必精准。

直到今天，人类对大脑如此复杂的神经网络的生理活动、交叉互动机制及其延伸能力的因由还知之甚少。

神经细胞是最小的脑神经细胞，叫作颗粒细胞。这些颗粒细胞接受了来自大脑皮层和脊髓的信号输入。大脑负责发出指令，小脑负责分发指令。

胶质细胞比神经细胞更多，在中枢神经系统里扮演着为神经细胞提供“行政支持”“生活保姆”的工作，如框架支持、营养供给、维持稳定等。胶质细胞还负责清除脑和脊髓中已经损坏的细胞或感染性物质。

### （三）大脑的软件

大脑的重要功能包括短时记忆、长期记忆、情绪控制、感官信息翻译、感知理论、关联性、抑制力、注意力、运动机能、视觉与空间处理等。

诺贝尔医学奖得主、神经科学之父圣地亚哥·拉蒙·卡哈尔发现，脑是由细胞组成的，神经元是整个神经活动的最基本单元，它们之间并不直接接触，但有信号在其间传递。大脑的“软件”能力的探究则要复杂很多。随着物理科学、电子科学及医学领域的进步，人类借助最新的技术设备，把对大脑运行规律的探索持续推进。

在研究大脑的创造功能之前，我们先来探究大脑的几个重要区域及其功能。

大脑的记忆被证实与大脑的海马区有关。但是记忆本身涉及复杂的机制，也涉及大脑各部门的协作。记忆力的强弱与先天遗传因素有关，也与后天训练因素有关。

我们提到人聪明还是愚笨，第一个想到的概念恐怕是智商(IQ)。智商即智力商数(Intelligence Quotient，简称IQ)，系个人智力测验成绩和同年龄被试成绩相比的指数，是衡量个人智力高低的标准。

20世纪初，法国心理学家比纳(Alfred Binet)和他的学生编制了世界上第一套智力量表，根据这套智力量表将一般人的平均智商定为100，而正常人的智商，根据这套测验，大多在85到115之间。

美国斯坦福大学心理学家推孟（L. M. Terman）教授提出的IQ测算基本原理就是心理年龄与实足年龄之比，也称比率智商，作为比较人的“聪明程度”的相对指标。智商可以测评遗传因素。但是，人的智力肯定不是一成不变的，它随着年龄的成熟而发展，因教育和训练而略有改变。

推孟自述，他从小就对那些在某方面不同于常人的人们有深刻的印象，长大后深受进化论的影响，坚信人有个体性，个体性的不同有生物学基础，因而一直对理解个体差异有着浓厚的理论兴趣。当法国人比纳和西蒙发明了第一个智力量表后，他以为借助于智力测验可以深入研究两个方面的问题：个体之间的先天差异究竟有多大；个体差异在不同的总体中呈现怎样的特定变异模式。他最终于1916年修订完成著名的“斯坦福—比纳量表”。该量表不断修订，使用至今。

但是，很多案例也证实，IQ高低与所谓的成功与否无关。首先成功是一个无标准的概念，人取得的成绩更与环境和机会有关，也与人的协作有关。

不能迷信IQ测试。《大英百科全书》中写道：“智力测试对个体至关重要，却不具备任何社会意义，它并不能将一个资质平庸的人由体力劳作递进至脑力劳动行列。”IQ测试一度在德国盛行，影响了千千万万人的生活，使其人生演变为一场悲剧。20世纪70年代以前的大量研究显示，智商与工作业绩之间的直接关联度非常低，在0.2~

0.3之间。

智商测试容易被披上社会化的外衣。“龙生龙凤生凤”的封建思想贻害千年。达尔文的表亲佛朗西斯·高尔顿(Francis Galton)在英国社会地位显赫,并继承了巨额财富。高尔顿成立了“优生学协会”(Eugenics Society),划分“高等阶级”,主张通婚、社交等方面的智商隔离,至今还有很多跟随者。

智力被认为是人类潜能中最重要的构成因素。然而目前尚没有任何共识性理论模型能够解释质量究竟为何物。甚至从大脑科学的本质看,智商测试是无本之木、无源之水,因为目前的测试并无信度与效度。不慎的智商测试,会掩盖了人的社会性,可能使人明珠暗投,从而掩盖了他们在日常生活中所真正具备的思维能力。维多利亚时期,科学家测量验证人脑的体积与智慧的关系。现代科学证明,2%的基因差异与学习成绩有关,98%的个体学业差异与基因差异毫无关联。基因宿命论并不科学。

要正确看待人的先天优势,甚至基因优势,一定不能过头。要避免过激的民族主义,或社会歧视。我们要看到,个体从先天到成长,都是存在差异的。后天的环境也是人生长发育的客观条件,社会和环境会对个人产生极其复杂的影响。

关于先天基因、后天潜能挖掘的话题一直没有停止,也不会停止。总之,先天很重要,但不是唯一,后天很重要,情况却很复杂。所以,任何一个国家或民族,任何一个家庭或个人,都要承认,后天的环境、接受教育和培训,对人的发展都很重要。

**（四）误读大脑二分法**

根据最新的大脑研究成果，有两个误读要予以更正。

一、人的大脑开发潜力比例无法“量化”。人的潜能挖掘真的达到了量化程度吗？早就有一个传言说，人类对脑功能的开发只有20%～30%，也有人说只有7%～10%。其实最新的科学家证实，目前并无定论，也无法定论。主要是大脑软件系统实在太过强大。如果把神经系统作为一个整体来认知，大脑作为神经中枢，开发了多少比例，实际上是难以量化的。大脑的功能也许就是趋近无限的。对脑高级认知功能心智和意识的探究将是未来脑科学研究的重点。

二、误读左右脑“二分法”。大脑的确是按照区域存在分工，但是真的是左右分明吗？曾经有一个广泛流传的研究发现：左脑分管分析和逻辑，右脑分管艺术和直觉；男性善用左脑，女性善用右脑；左脑善于计划，右脑善于管理；左脑学习理科、右脑学习文科；左撇子右脑发达，右撇子左脑发达……最新的大脑科学发现，前述流传是错误的，或者说不准确。

1981年，诺贝尔生理学或医学奖获得者美国心理生物学家斯佩里（Roger Wolcott Sperry）通过著名的割裂脑实验，证实了大脑不对称性的“左右脑分工理论”。这只是一种割裂研究的方法，左脑右脑的二分法被媒体简化甚至被曲解。斯佩里曾经提醒：“在实验中观察到的左右半脑认知方式的巨大差异，是一种容易失控的观点。在正常的完整大脑中，两个半球往往作为一个整体紧密合作。”

人的智能可以超越自然的局限，并依照自身的意志改变世界，这是世界上最了不起的奇迹。人类还没有发现可探知的宇宙范围内有其他生物有此能力。

**(五)大脑的多维算法**

神经元对身体各部分的指挥的确存在一对一分区的现象,但是大脑在思维、联想、意识等方面的运算模式还没有定论,很多学者推论是网络运算,甚至多维运算。

美国作家雷·库兹韦尔(Ray Kurzweil)在《如何创造思维》一书中创造了“新脑”的概念,设想大脑存在“统领组织”神经元的“新皮质”。大脑新皮质分6层,共包含300亿个神经元,它们又组成了3亿个模式识别器。这些模式识别器存在层级关系,它们是思想语言和思维模式识别理论的基础。

我们可以假设两种情况:一是大脑的神经元,按照功能分区,按照分区进行平行预算;二是把神经元进行功能分类,对不同功能模块进行排列组合运行。人的大脑类似手脚一样,每一个“固件”似乎有对应的功能,还是说,大脑就是一个网状组织,类似网络云计算?

在思维、意识、想象时,大脑也许属于分层网状运行。神经元按照这一组织模式,分工合作,那么其排列组合的数量将无法用数字描述。这就是人的大脑功能的厉害之处。创造力是什么?就是大脑神经元组织模块在进行新的排列组合。大脑的复杂算法,现在人类对它的了解知之甚少。马泰奥·卡兰迪尼(Matteo Carandini)在《大脑的未来》一书中提醒:认知并不在于多个孤立的循环,而是取决于不同循环之间的互动与运算。

### （六）大脑的心智能力

我们的大脑是双核处理器，拥有什么样的算力呢？

大脑的心智功能是由大脑的神经系统的活动产生的，但是其转化升级为精神活动时，会产生许多与物质世界运动不同的现象、特点和规律。精神活动变幻莫测、难以捉摸。现实世界没有任何技术可以客观描绘人的真实思维状况。

我们常说的心智，是人们的心理与智能的表现。人的心智指的是人各项思维能力的总和，用以感受、观察、理解、判断、选择、记忆、想象、假设、推理，而后指导其行为。根据乔治·博瑞（C. George Boeree）博士的定义，心智主要包括获得知识、应用知识、抽象推理三方面的能力。人类对心智的研究已成为21世纪脑科学的重点。

看过心理学大师西格蒙德·弗洛伊德（Sigmund Freud）《梦的解析》的人，最深的印象恐怕是意识、潜意识等名词。意识是人脑对大脑内外表象的觉察。生理学上，意识脑区指可以获得其他各脑区信息的意识脑区（在前额叶周边）。意识脑区最重要的功能就是辨识真伪，即它可以辨识自己脑区中的表象是来自外部感官，还是来自想象或回忆。这个区域是不是类似电脑的缓存区呢？

弗洛伊德提出潜意识。潜意识是人类生命历程中已经发生但目前未被觉察的心理活动，是人们“已经发生但并未达到意识状态的心理活动过程”，其与意识共同构成人类所有的心理活动、认知活动。他将潜意识分为两种：一种是潜伏的但能转化为有意识的潜意识——前意识；另一种是被压抑的且不能用通常的方法使之变成有意识的潜意识——无意识。人类的梦境的研究相当热门,各种学说层出不穷。其中一说,就是说梦是一种潜意识的体现。梦境变幻莫测,科学技术可以知道人在做梦,但是还无法知道一个人做梦的内容。

脑神经科学的认知概念,是指大脑认识理解客观事物,并与之互动的一种能力,包括且不限于感知、记忆、语言、情感和分析推理。人之所以为人,就是因为我们的好奇心。

另外不要把性格与创造力混淆。很多科学家都拜倒在性格上。

性格有先天的成分,也是后天的产物。不能以性格来判断一个人的智慧及发展。性格是一个人对现实的稳定的态度,以及与这种态度相应的、习惯化了的行为方式中表现出来的人格特征。性格一经形成便比较稳定,但是并非一成不变,而是可塑的。性格不同于气质,更多体现了人格的社会属性,个体之间的人格差异的核心是性格的差异。

创造力最需要的是创新——消除固有模式,消除陈旧范式,甚至要改变让个体感到很舒适的习惯。狄伊・哈克说:“问题绝不是如何获得新的创造性的想法,而是怎样去除陈旧的观念。每一个大脑都是一幢装满古色古香家具的建筑。拭干净你大脑的一个角落,创造力会立即填满它。”乔治・路易斯说:“创造力几乎能解决所有问题。创造性的行为可以通过创意来打败习惯。克服一切困难。”

## 三、大脑的可塑性

大脑具有极强的可塑性，这一特点给予芸芸众生希望和期待。大脑的结构与功能具有随环境和刺激的改变而变化的特性，这是多么公平的大自然法则！

人最神奇的是在出生以后大脑继续发育，发育有快有慢，总体上是大脑自身在发育，同时受到环境的影响进行重塑与再造。生物学家的确发现了类似大猩猩、猿猴甚至我们养的宠物猫狗，都有类似"学习"的能力，其实那很多是巴甫洛夫所言的"条件反射"。

科学家已经研究证明，环境会重塑大脑。每一个人都是大自然的造化，堪称奇迹，千万不要忽视任何人。电影《雨人》的原型人物叫金·皮克（Kim Peek），他是一位自闭症患者，但是有超强的记忆力，精通多门学科，记得98%阅读过的东西，能一字不漏地背诵9 000本书的内容。

大脑具有极强的可塑性，还意味着，一旦大脑进入懒惰状态，大脑某个功能就会被填补。当一块大脑区域长时间接收不到该有的训练时，就会成为其他功能的"殖民地"。这解释了"脑子越用越灵"的道理。

大脑的可塑性需要主观上的注意或专心。教育贯穿人成长的一生。狭义的教育是指专门组织的学校教育，广义上指影响人的身心发展的社会实践活动。集中注意力，会有利于训练大脑解决问题。

我们经常会被提醒：要专注、要专心！为什么？听觉神经科学提出的“鸡尾酒会效应”作了解释，大脑将听觉注意力瞄准哪，哪种声音就会被“听到”。这恰是目前人工智能语音识别无法企及的能力。注意力是影响时间感最重要的因素之一。为什么人会说时间似乎过得很快，也是注意力“惹的祸”。

专注，集中注意力，是大脑修炼的“强度”，另外一个概念就是“宽度”。一万小时定律可以说明这一点。作家格拉德威尔在《异类》一书中指出：“人们眼中的天才之所以卓越非凡，并非天资超人一等，而是付出了持续不断的努力。一万小时的锤炼是任何人从平凡变成世界级大师的必要条件。”他将此称为一万小时定律。要成为某个领域的专家，需要一万小时，按比例计算就是，如果每天工作八个小时，一周工作五天，那么成为一个领域的专家至少需要五年。

人生很多技能都不是先天带来的，例如书法、音乐、绘画、驾驶、体育等，都需要接受基础知识并加以训练。天分重要还是后天的训练重要？例如演奏乐器、驾驶汽车，是天分还是训练起的作用？智力游戏能否帮助提高记忆力和思辨能力？这些都没有确切答案。

研究表明，从小接受音乐训练的人，大脑听觉皮层比没有接受过音乐训练的人更加优秀。同时，接受过长期专业音乐训练的人，听觉注意力一定优于常人。因为人在学习乐谱以及弹奏乐器时，一定会集中注意力在声音上。同时，会音乐的人的听觉记忆也会高于普通人。

音乐能够使人的精神意象（mental image）和时间排序能力变得

更好。精神意象是指长期记忆中具备的感知信息。同时，系统、长期的音乐训练，会帮助儿童发展认知能力。

大脑喜欢节奏，也喜欢重复。大自然很有规律性，例如下雨的雨点声，与噪声相比更容易被大脑接受。音乐就是美好的节奏。

长时间修炼，可以改变我们大脑的某些“物理条件”，正如我们到健身房练出一身肌肉一样，大脑也是能够通过锻炼而被改变。要在伦敦做出租车司机，必须参加长达 3～4 年的严格训练，记住 25 000 条街道和 20 000 个地标建筑，并参加一系列考试。2011 年，通过分析 78 名刚刚结束 4 年认路培训的男性司机的大脑核磁共振成像，并与 4 年前他们在接受培训前的脑成像扫描对比，发现其中的 39 名最终通过考核的司机的海马区灰质明显增多。没有参加训练的普通人，参加训练没有通过考试的人，他们的大脑并没有这个显著变化。

人的大脑具有可塑性，就是开发人大脑的“潜能”。

人的潜能受到先天影响更大，还是受到后天影响更深？也就是基因与环境谁更重要？

科学家希望通过基因特点，为学校设计出帮助天资不足的学生提高智商水平的方案，为世界培养更多的天才。但是目前对此人们还不明确。这需要弄清楚基因的本质、人类潜能的本质、大脑功能的本质、环境的本质等诸多问题。

人无法选择自己的出生，父母的结合产生了我们，出生那一刻，基因就带着遗传密码伴随我们一生。古有孟母三迁的故事，说环境对人的成才很重要。今有学区房现象，父母都希望能通过改变环境来提高我们的后天能力。研究认为,人的思维模式的形成受环境的影响很大,也受到阶层、性别及社会族群结构的影响。

2014 年 10 月出版的《神经科学与生物行为评论》刊文指出,潜能通常被定义为“基因潜能及其表现形式”。无人可以否认环境在带来个体差异和实现个人潜能领域所发挥的巨大作用。但人类还没有探明人类潜能赖以发展的环境究竟是什么。

遗憾的是,古往今来尚无任何一个民族和国家真正解决了教育的“平均”问题。很多国家通过建立普适性的公立教育,设立教育基金等方式,来尽可能地消除教育机会不均衡的问题。很多国家教育基金致力于“打破家庭收入与教育成就之间的关联,确保来自不同背景的儿童能够实现自身潜能,全面施展自身才华”。

大脑具有可塑性,成长的环境是非常重要的。成长环境对人的发展的影响关键是感知与目标。在行为遗传学中,基因与环境相互影响本身即是一个动力系统,在此种系统中,不断变化的环境通过广泛的信号网络对形态与变异发挥着决定性作用。环境仅仅为基因提供所需资源,或刺激、妨碍乃至减弱基因自带特征。

个体发育,是潜能最终得以实现的方式和手段。发育并不是一个由预先设定的流水线,将各种潜能挖掘出来。发育具有终身可塑性。

## 四、脑科学新蓝图

脑科学的第一层含义是研究大脑本身的科学,是以阐明脑和神经系统的工作原理和机制为目标，被认为是自然科学的“最后疆域”，第二层含义是利用脑机接口等外置系统治疗大脑疾病、提升脑功能，第三层含义是试图模仿大脑运行的人工智能等。

虽然人类在大脑的生理结构与功能等领域取得了丰硕的研究成果，但是人类对脑的高级功能，如感知、思维、情感、意识等方面的认识还是肤浅的。脑科学研究涉及人类迄今为止的各类理论与科学技术。著名控制论专家温纳（Winener）曾预言：未来的世界将是一场要求更高的斗争，以对抗我们智力的极限。

美国、欧盟、日本等多国（组织）和我国都相继推出了各自的脑计划。

美国政府于2013年提出“推进创新神经技术脑研究计划”，目标包括探索人类大脑工作机制、开发大脑不治之症的疗法等。美国联邦政府2017财年预算中“脑计划”的预算增至4.34亿美元。

2013年欧盟推出了由26个国家的135个合作机构参与，预期10年完成的“人类脑计划”。欧盟人类脑计划的目标是开发信息和通信技术平台，致力于神经信息学、大脑模拟、高性能计算、医学信息学、神经形态的计算和神经机器人研究，侧重于通过超级计算机技术来模拟脑功能，以实现人工智能。

2014年日本科学家发起神经科学研究计划。该项目将在10年内受到日本文部省和日本医学研究与发展委员会共400亿日元（约合3.65亿美元）的资助，旨在通过融合灵长类模式动物（狨猴）多种神经技术的研究，弥补曾经利用啮齿类动物研究人类神经生理机制的缺陷，并且建立猕猴脑发育以及疾病发生的动物模型。

2016 年 2 月澳大利亚脑联盟成立，集合了澳大利亚国内神经科学和行为科学的研究团体的科学家，为超过 28 个成员组织的脑研究项目提供支持。该计划主要目标：一是通过揭示神经精神疾病的脑异常机制，发展新的治疗手段；二是通过编码神经环路和脑网络的认知功能来帮助提高脑力成长；三是通过促进工业合作者和脑研究的结合，研发新的药物、医疗设备并发展可穿戴技术。该计划的核心是破译大脑的功能和机制，调节作为决策基础的大脑功能的整合和控制机制。该计划还包括开发用于集成脑成像的新技术和工具。

韩国脑科学研发工作集中在四个核心领域：一是在多个尺度构建大脑图谱；二是开发用于脑测绘的创新神经技术；三是加强人工智能相关研发；四是开发神经系统疾病的个性化医疗。

中国脑计划酝酿多年，2016 年 3 月发布的“十三五”规划纲要将“脑科学与类脑研究”列为“科技创新 2030 重大项目”。

此外，还有大批企业集团投入巨资开展脑科学研究，除谷歌等外国企业外，中国企业家陈天桥等人也投资进入脑科学领域。

脑科学研究的课题主要是如下三大方面：

一是沿着基因技术推进“脑发现”。从 1953 年 NDA 双螺旋结构的发现开始，人类对基因的理解快速进步。人类基因组大约包括 21 000 至 23 000 个基因。它们在人类生长发育、细胞修复以及功能维持方面起着决定作用。

人类对自身的认识，解读“我从哪里来”，在基因层面已经有了一个完美的、令人信服的答案：万物同源。人类至今的认知，可以断定我们的祖先都是从非洲森林走向平原，走向欧洲大陆，并走向亚洲和美洲。

二是脑机接口系统推进“脑康复”和“脑控制”。开发脑机接口，研究大脑自身，以及通过模仿大脑运行机制发展人工智能，是当下脑科学的大热点。GIPSA 实验室的科研人员研究的“脑机接口”，实现了用意念控制电脑。2014 年巴西足球赛开幕式上，一位下肢瘫痪的男子利用脑控机械装置“超级战甲”实现用意念踢球。科学家通过复杂的机械装置研制脑脑相连，并产生类似心灵感应的反应。

三是成熟的人工智能推进“脑模拟”。我们的计算机原理是人脑记忆与计算的模拟。人工智能（Artificial Intelligence，简称 AI），是借鉴脑的工作原理而研发的类脑职能。从我们熟悉的 iPhone 的 Siri 功能、2017 年 AlphaGO 围棋人机大战，到利用类脑职能开发的各种音频识别、视频识别、机器学习等 AI 软件，都是模拟人脑的技术成果。现在人类的“棋王”是深蓝（DeepMind）研发的 Alpha Zero，它已经具备了自我学习的能力。

## 五、大脑启蒙运动

人的大脑开发最终指向哪里？就是人的创造力！DNA 科技革命，将把人类导向大脑启蒙运动，从基因的大自然本性出发，去探求人类社会文明应该具备的结构和运行机制。

人类基因组计划(Human Genome Project,HGP)与“曼哈顿原子弹计划”和“阿波罗计划”并称为三大科学计划,被誉为生命科学的“登月计划”。人类基因组计划测定了组成人类染色体中所包含的30亿个碱基对组成的核苷酸序列,从而绘制人类基因组图谱,并且辨识其载有的基因及其序列,达到破译人类遗传信息的最终目的。截至2003年4月14日,人类基因组计划的测序工作已经完成。詹姆斯·沃森表示,我们对完全解开DNA的运作奥秘,仍有一段路要走。例如我们对人类意识的研究,目前只有肤浅的认识。

1953年DNA双螺旋体的发现及其后的遗传学革命,让我们知道,生命其实就是一大串协调好的化学反应,而这个协调机制的秘密就是一组复杂的指令,而这些指令同样是以化学方式刻写在我们的DNA内。

人脑是我们最神奇的器官,至今仍极度神秘。它是调控我们所有行为最精巧的硬件,而基因正是借由建造这个硬件的方式来影响我们。以基因为基础的研究会进一步证实,许多对行为的控制最重要的基因,都跟人脑的构造过程有关。

社会生物学家爱德华·威尔逊向我们阐释了创造的本质。他对创造从何而来的解释是:“人文诞生于符号化语言。人类仅凭借符号化语言这一种能力,就将自身和其他物种鲜明地区分开来。语言与大脑结构共同进化,将人类思想从动物大脑中解放出来,使人拥有了创造力,并由此进入不受限制的想象世界之中。由此人类拥有了巨大的力量。”

什么是创造？爱德华·威尔逊深情地描述道：“创造是人类物种独特且具有决定性的特征。创造是我们内心对创意的追求。创造的驱动力，是人类独有的对新颖事物的热爱。人类乐于发现新事物、新流程；乐于攻克现有问题，接受全新挑战；乐于享受始料未及的事实与力量带给我们的审美惊喜；乐于认识新面孔，体验新环境。我们内心追求创造力的根源，不断向人类共有思想的最深处挺进；我们向外界探索创造力的延展，不断想象宇宙万物间的真实情景。科学与人文，在我们创造力追寻之路上两者是相辅相成的。”

艺术会通过视觉、听觉、触觉等外在感官，抓住大脑的“注意力”，是因为艺术具有“意义”和“内容”，会带来美感、愉悦感或感官的刺激。艺术家的意图总是带有极强的个人色彩。科学与文化创造力的同一个来源是大脑活动。人类通过思考来实现生存。

群体之中具有更强话语能力的成员，将比同一群体中的对手拥有更高的生存和繁殖率。群体竞争之中，获胜的群体更有能力从自然环境获取资源和能源。这就是我们这么看重名人效应的原因，因为他们代表了更多的话语权。我们赖以生存的环境，作为自然之母，是我们人的来源，是我们大脑的物质来源，也是我们情感、想象、渴望及恐惧的基础。任何创造的本源都来源于自然本身。

中华文明的精华之一是“天人合一”的哲学和思想。人们对人与自然的和谐共存、和谐发展深信不疑。从基因科学可以看到一个无法回避的事实：人之所以来源于自然，而超越了自然，成为具有想象力、思考力、创造力的智慧人，这是因为平衡中的“不平衡”，不平衡是这个世界的“经常态”，天人合一则是“理想态”。正因为人需要打破生食的习惯，用上了火；希望摆脱行走的桎梏，发明了交通工具；希望摆脱地球，准备移民火星。

所以，创造力的动力源来自不平衡。也就是人大脑里产生了超越的想法，通过具体的人类活动实践，最终创造了新事物。不平衡，是所有创新、创意、创造的根源。

回到35 000年前，在欧洲与亚洲的旧时代遗址中，在现代人的祖先的墓穴中，已经出现了装饰物的差异。说明阶级或阶层，或者换一个层面说，某种人群的分工分化，已经出现。这种“社会现象”说明了什么？分工导致了不平衡。

如何研究大脑具备的科学与人文，或者科技创造与文化创意呢？全球普遍的一个趋势就是，科学与人文合二为一，同时存在巨大的冲突，不平衡长期存在，这是一场关于开发大脑的启蒙运动，被誉为“人类的第三次启蒙运动”。这一次启蒙运动，将带来科技的繁盛，文化的繁荣和哲学与宗教的变革！

也就是说，现代物理学、化学与生物学等学科，已经努力地探视了生命的秘密，但人类大脑的秘密尚待揭开。就如我们建造一幢房子，我们找到了地基，我们按照力学规律和设计师的设计，将房子建立起来了。但是，我们始终没有找到，设计师设计出这样的房子的逻辑和道理。

正如人类上一次文艺复兴带来了科技、文学、艺术进步，上一次启蒙运动带来了社会组织体制的思考与实验，人类正在通过认识大脑，挖掘大脑潜能，模仿大脑程序，推进“第三次启蒙运动”，这一场“启蒙运动”将带给人类什么呢？

# 第三章 | 发展软实力

我们相信，真理具有客观性，人的意志无法影响其存在本身，换而言之，就算我们人类消失了，我们精神和经验通通都没了，它也依然故我。

——阿尔伯特·爱因斯坦(Albert Einstein)

假如存在着这样一种真理，无论是在理性还是在感性上，它都跟人的精神无关，那么，人类作为一种生物，只要人的精神还没有消失，这种真理就没有任何意义，这样的真理也就不存在的。

——拉宾德拉纳特·泰戈尔(Rabindranath Tagore)

《爱因斯坦自述》里记录了爱因斯坦与印度大诗人泰戈尔关于真理的讨论。一位伟大的物理学家和一位伟大的诗人，在同一个时代的“对话”，真是意味深长。

爱因斯坦一生坚持科学原理，希望通过数学计算、物理学实验或仪器测试和推导，来认知宇宙世界的客观规律。

泰戈尔 1861 年出生于印度加尔各答一个富有的贵族家庭，13 岁即能创作长诗和颂歌体诗，1913 年以《吉檀迦利》成为第一位获得诺贝尔文学奖的亚洲人。

爱因斯坦与泰戈尔的对话，是一次深层次的对话，双方的探讨并无结论，但和谐而友好，给了后人无限的思索空间。科学与人文，科创与文创，是什么关系？引人遐思。

## 一、软实力之源

1990 年，哈佛大学教授小约瑟夫·奈在《政治学季刊》和《外交政策》杂志上发表《变化中的世界力量的本质》和《软实力》等一系列论文，并在此基础上出版了《美国定能领导世界吗》一书，提出了“软实力”(Soft Power)的概念。

小约瑟夫·奈指出，一个国家的综合国力既包括由经济、科技、军事实力等表现出来的“硬实力”，也包括以文化和意识形态吸引力体现出来的“软实力”。

一个国家硬实力、软实力“两手都要硬”。国家必须掌握领先的科技之剑，还要具备文化创意之魂。

熊彼特首次将技术创新作为一个新的独立变量，来考察技术创新对经济增长以及社会变迁的影响，并在 1939 年提出了较系统的创新理论。他认为,创新是在生产过程中,将一种从未有过的生产要素和生产条件的新组合,引入生产体系,从而建立一种新的生产函数。

创意(Creativity)是人类进化到智慧生物(智人)新阶段的标志。改进新工具、优化新流程、做出新发明、创作新作品等,都是人类创意的体现。英文中与 creativity(创意)有关的单词有 idea(点子)、wisdom(智慧)、innovation(创新)、curiosity(好奇心)、imagination(想象力)、invention(发明)、talent(才能)等。

人类的创意是大脑里一闪而过的念头或新想法。创意火花蔓延开来成为熊熊大火,也就是想法变成产业之间,还有一个积累与转化的过程。

20 世纪,人类历经几次工业革命的实践,创新经济学体系逐渐建立起来。随之创造力经济(Creative Economy)或叫创意经济、创意产业(Creative Industry)等有关术语出现。除了熊彼特对创新进行了系统性论述,新经济学家保罗·罗默 1912 年则以新经济学树立旗帜。

保罗·罗默较早直接关注创意与经济增长的关系。他在 1986 年指出:"新创意会衍生出无穷的新产品、新市场和财富创造的新机会,所以新创意才是推动一国经济成长的原动力。"保罗·罗默提出了创意经济的本质和魅力:创意的非竞争性决定了创意的生产只涉及一次性的固定成本和零边际成本。创意经济与规模报酬递增和不完全竞争紧密相连。

全球还有很多富有建树的学者、专家论述了创意经济有关的术语,各抒己见,推陈出新,但他们达成基本共识,科技与人文、科创与文创，是软实力的基础。

## 二、解读创造力

在《牛津现代高级英汉双解词典》（1993）中，Create 用作动词，意思是创作、创造、产生、制造。Creation 是名词，意思是创造、伟大艺术作品的创造。Creative 是形容词，意思是有创造力的、创造的。

经济学领域的创造力、创意（Creativity）被认为是生产力的要素之一。亚当·斯密在其著述《国富论》中提出："如果一种劳动要求超凡的技巧和智慧，出于对这种才能的尊重，人们对他们的产品所给的价值自然要高于他们单纯劳动时间应得的价值。"这是笔者查阅到的经济学领域中最早关于"创造力"和"创意"的经典论述。

大卫·李嘉图（David Ricardo）在《政治经济学与赋税原理》中提出了经济增长的报酬递减规律，但他没有观察到技术进步对经济增长的作用。

马克思的劳动价值论由紧密相连的三部分构成：体力劳动价值论是其基础和核心；脑力劳动价值论是其重要组成部分；智力劳动价值论是其不可缺少的内容，是在前二者基础上的进一步发展。

从 20 世纪 50 年代开始，索洛（Robert Solow）的《对经济增长理论的一个贡献》、斯旺（Trevor Swan）的《经济增长和资本积累》、罗伊·F. 哈罗德的《动态经济学导论》均提出技术进步是经济增长的决定因素。

20世纪80年代中期以来，以保罗·罗默和卢卡斯（Robert Lucas）为代表提出的"新经济增长理论"进一步发现了科学技术之于经济增长的作用。

保罗·罗默1990年提出了技术进步内生增长模型，把经济增长建立在内生的技术进步之上。技术进步内生增长模型的基础是：第一，技术进步是经济增长的核心；第二，大部分技术进步是出于市场激励而导致的有意识行为的结果；第三，知识商品可反复使用，无须追加成本，成本只是生产开发本身的成本。

新经济增长理论的重要内容之一，是把新古典增长模型中的劳动力的定义扩大为人力资本，认识到技术的进步对于经济的增长具有决定性的作用。保罗·罗默强调，创意与大多数商品截然不同，创意是非竞争性的，创意具有不同程度的排他性。

国内学者蒋三庚等认为创意的界定可追溯到17至18世纪西方关于创意天才（Creative Genius）的著述，认为广义的创意是指头脑中的一种思维和有形的创作，狭义的创意是指有形的创作。创意即是将点子、想法、规则、模式转化为有意思的新观念、新形式、新技巧、新表述的能力。

2000年，创意经济被界定为："一个由创意集群、创意阶层、创意社区三部分组成，以提升地区竞争力和生活质量为发展方向的社会经济系统。"这一定义把创意经济概括为由创意集群、创意阶层、创意社区组成的动态系统。

约翰·霍金斯（John Howkins）认为版权行业、专利行业、商标和设计行业构成了创意产业或创意经济业；创意经济（CE）等于创意产品（CP）的价值与交易次数（T）的乘积（CE＝CP×T）。其观点是，创意产业是由多个细分的产业组成，创意产业与有关的创意人群、创意空间的整合与相互作用，最终构成了创意经济体系。

产业（Industry）是一些具有某些相同特征的经济活动的集合或系统，泛指国民经济中各个具体产业部门或行业。产业是具有某类共同特性的企业集合。

英国是较早明确把发展创意产业（Creative Industry）作为一种国家产业政策和战略的国家。1998 年，英国创意产业专责小组（Creative Industry Task Force）首次发布《英国文化创意产业路径文件》，将创意产业定义为："源于个人创造力、技能及才华、通过知识产权的生成和取用、具有创造财富并增加就业潜力的产业。"该报告将创意产业分为广告、电影、建筑、音乐、艺术与古玩、表演艺术、计算机与视频游戏、印刷、手工艺、软件、设计、广播电视、时装设计等 13 类。英国的创意产业包含了广告业、建筑业和设计业的部分内容，注重的是产品或服务中的创意内涵。

香港大学文化政策研究中心 2003 年正式发表的《香港创意产业基础研究报告》（*Baseline Study on Hong Kong's Creative Industries*）提出，创意产业是"指那些通过将创意、技巧、智慧转化为社会及文化产品、作品、服务的系列经济活动，这些活动具有促进社会财富的增长和增加就业的巨大潜力"。

澳大利亚认为创意产业包括电影拍摄及后期制作、广播服务、音像及音乐出版、书籍出版、报纸杂志出版、体育赛事、收费电视服务、在线广播、新媒体、在线服务、信息咨询、电子商务、广告、建筑设计服务、健康教育、虚拟艺术、表演艺术、远距视讯诊疗、在线远距教学与网络教材应用与内容、网络银行、电子化政府服务等内容。

澳大利亚学者约翰·哈特雷(John Hartley)在《创意产业》(*Creative Industries*)一书中提出:创意产业的概念是指在新知识经济范畴内,利用新媒体技术,将个体创造性艺术整合为大规模的文化产业,从而为消费者提供交互应用。约翰·哈特雷在这里对创意产业的阐释更接近于数字创意产业的范畴,是限于特定时期对创意产业的界定。

版权产业是指使用智力作品并依靠版权保护进行经营和持续发展的产业。具体而言,版权产业是指与创作、传播、复制和发行文学、艺术和科学作品的行业,以及收集、储存与提供信息的信息行业,主要包括图书、报刊、音像、电子出版业,广播、电影、电视业、音乐、戏剧、舞蹈等,以及工艺美术、建筑艺术、园艺设计业,电脑程序设计与软件开发业,信息网络传播业、广告业等。美国的版权产业既包括研发设计创意领域,也包括文化创意领域,也就是覆盖了科技类和文化类版权。

知识产权涉及智力创造、发明、文学艺术作品和商业中使用的标志、名称、图像以及外观设计。知识产权分为两类:一是工业产权,包括发明(专利)、商标、工业品外观设计以及原产地地理标志;二是版权,包括文学和艺术作品。

文化内容产业由与内容有关的经济活动（如创意、生产、制作、流通等）组成，这些活动的内容源自各种类型的知识、信息及与之相关的文化资源。

欧盟把内容产业的主体限定为那些制造、开发、包装和销售信息产品及其服务的产业。内容产业的范围包括各种媒介上所传播的印刷品内容（报纸、书籍、杂志等）、音像电子出版物内容（联机数据库、音像制品服务、电子游戏等）、音像传播内容（电视、录像、广播、影院）、用以消费的各种软件等。

加拿大联邦统计局将北美产业分类标准（NAICS）中的“信息与文化产业”分为出版业（互联网除外）、声音录制、广播（互联网除外）、网络出版与广播、电信、网络服务、其他信息业等。

联合国将文化产业划分为传媒、卡通、影视、娱乐、游戏、旅游、教育、网络及信息服务、音乐、戏剧、艺术博物馆等行业。

2006年，中国文化产业统计研究课题组以国家统计局的名义发布的《文化及相关产业分类》，将文化产业这一概念界定为那些为社会公众提供文化、娱乐产品和服务的活动，以及与这些活动有关联的活动的集合。

联合国教科文组织（UNESCO）认识到各个国家或地区对这些概念和产业分类的共识和差异，综合各方面的情况，提出如下观点：第一，创意是人类文化定位的一个重要部分，可被不同形式表现，文化产业（cultural industries）适用于那些以无形、文化为本质的内容，经过创造、生产与商品化结合的产业；第二，文化产业或可被视为创意产业(creative industries),经济术语可称为朝阳或者未来取向产业(sunrise or future oriented industries),或者以科技术语可称为内容产业(content industries)。

归结起来,创造力与科技创新、文化创意有关,创造力形成产业需要涉及技术研发、内容创造,并最终表现为各种产品形态、各种商品,并汇聚为各种产业。创造力经济,是一种新的大脑经济,是一种不同于传统农业、制造业和服务业的新型经济形态。

## 三、科技之剑

人类取得的科技成就,像锋利的宝剑,使人类获得了竞争的优势。科技革命更像一阵飓风,起初不过是一个装置或一套软件的发明创造,进而实现快速复制传播,最终产生了"蝴蝶效应",引起工业制造、社会生活的变化,并可能促进社会关系的演进。

人类历史反复证明,技术进步带来的生产力进步,反过来对人的知识结构的更新提出要求,人的意识发生改变,新的生产方式形成,新的文化产生,新的社会结构发生调整,反过来对新的制度体系产生新的诉求。为了适应新技术的进步,体制机制必须要进行改革,不改革就会被革命,这是历史的必然规律。

### (一)第一次工业革命时期的英国蒸蒸日上

第一次工业革命是指 18 世纪 60 年代从英国发起的技术革命。第一次工业革命是以蒸汽机作为动力被广泛使用为标志的。第一次工业革命使工厂代替了手工工场，机器代替了手工劳动。

在英国内部，工业革命使依附于落后生产方式的自耕农阶级逐渐消失了，工业资产阶级和工业无产阶级形成和壮大起来。对全球而言，第一次工业革命促进了火车、轮船等交通工具的快速发展，从而加强了世界各地之间的联系，改变了世界各大洲之间的人员与商务往来，最终确立了资产阶级对世界的统治地位。率先完成了工业革命的英国，很快成为世界霸主。

科学证实，人类的集体进步，最重大的两个科技活动要素是对能源的开发应用和信息技术的进步。

《科学技术百科全书》定义能源是可从其获得热、光和动力之类能量的资源。《大英百科全书》定义能源是一个包括所有燃料、流水、阳光和风的术语，人类用适当的转换手段便可让它为自己提供所需的能量。我国的《能源百科全书》定义能源是可以直接或经转换提供人类所需的光、热、动力等任一形式能量的载能体资源。

人类对能源的开发利用，是人类显著超越其他物种的卓越成果。能源和语言是智人发展的动力。

大约距今二三十万年，这一时期人类以采集大自然野生植物、猎取野兽、捕捉水产为食。这个时候人类对能量的应用还没有与其他猿类区别开来。

自从人类学会了用火，最终掌握了人工取火的技术，人类就开始了超越式进步。以草木为燃料，烧熟的食物有助于消化吸收，增强了人类体质，人的寿命延长，繁衍加快。同时火还可以防御野生动物入侵,扩大了食物来源,扩大了人类活动的范围。

从原始社会到18世纪漫长的历史年代中,草木作为取火燃料一直是最主要的能源。虽然当时已有畜力、风力、水力等能源的发现和利用,但还是小规模的。特别是水力和风力,受到地理条件的局限,不能随时随地被利用。

更重要的是,火推动了对藏于地下的煤和矿石的利用。煤铁时代,是人类步入能源文明的重要时代。煤铁时代,人类逐步推动利用金属制造机械设备,并逐步发明出蒸汽机、内燃机这样的标准化、普遍实用的动力机械。

其过程漫长而艰辛。以蒸汽机为例,蒸汽机的发明并非一蹴而就。

世界上第一台蒸汽机雏形是由古希腊数学家希罗于公元1世纪在亚历山大港发明的汽转球。亚历山大港是当时全球的科技与经济中心。

约1679年,法国物理学家丹尼斯·巴本在观察蒸汽逃离高压锅后制造了第一台蒸汽机的工作模型。同时代的萨缪尔·莫兰也提出了蒸汽机。

1698年托马斯·塞维利和1712年托马斯·纽科门都制造出了早期的工业蒸汽机。1807年罗伯特·富尔顿第一次成功地用蒸汽机来驱动轮船。

英国机械修理工詹姆斯·瓦特(James Watt)从1765年到1790年,运用科学理论,改良了蒸汽机,并于1769年取得了英国的专利,使蒸汽机的效率提高到原来的 3 倍多，最终发明出高效率的工业蒸汽机。

詹姆斯·瓦特是一位真正的工匠，他在维护、维修纽科门蒸汽机的时候发现了改良蒸汽机效能的必要性和可行性，并着手实现了这一伟大进步。

蒸汽机被逐步广泛应用于采矿、冶炼、纺织、机器制造等行业。它使英国的纺织品产量在 1766 年到 1789 年的 20 多年内增长了 5 倍，为市场提供了大量消费商品，加速了资金的积累。

亚当·斯密敏锐地捕捉到英国国民财富的变化，用近十年时间创作了经济学著作《国民财富的性质和原因的研究》（即《国富论》），首次出版于 1776 年。亚当·斯密是古典政治经济学体系的奠基人，被后人称为“现代经济学之父”和“自由企业的守护神”。

《国富论》认为人的本性是利己的，追求个人利益是人民从事经济活动的唯一动力。同时人又是理性的，作为理性的经济人，人们能在个人的经济活动中获得最大的个人利益。如果这种经济活动不会受到干预，那么经由价格机制这只“看不见的手”引导，人们不仅会实现个人利益的最大化，还会推进公共利益。《国富论》这部著作奠定了资本主义自由经济的理论基础，该书的出版标志着古典政治经济学理论体系的建立，堪称西方经济学界的“圣经”。

在船舶上采用蒸汽机作为推进动力的实验始于 1776 年。经过不断改进，至 1807 年，美国的富尔顿制成了第一艘实用的明轮推进的蒸汽机船“克莱蒙”号。此后，蒸汽机在船舶上作为推进动力历百余年之久。

乔治·斯蒂芬森(George Stephenson)是一名英国土木工程师和机械工程师,于1829年创造了“火箭”号蒸汽机车,该机车拖带一节载有30位乘客的车厢,时速达46公里/小时,开创了铁路时代。斯蒂芬森被称为“铁路之父”。蒸汽机在交通运输业中的应用,使人类迈入了火车时代,迅速地扩大了人类的活动范围。

这些伟大的发明创造,是在什么样的体制、机制环境下完成的?

宏观而言,是英国当时资产阶级崛起,发生了资产阶级革命,资产阶级要求推翻制约生产要素自由流动配置的封建经济体制。

微观而言,在革命推动下,英国当时出台的一系列配套市场经济的法规制度,短平快,直接见效。这些律令,影响后世数百年。

值得关注的是英国推出专利法的历史进程。英国是世界上最早提出专利概念的国家。早在1236年,英国国王曾授予波尔多市民的色布制作技术15年的垄断权;1331年又授予弗来明商人织布、染布的特权;1367年授予两个商人经营钟表的特权;1561年又批准了制造白色石碱的专利权。1617年政府颁布“专卖法”,正式以法律形式建立了专利制度。1624年,英国颁布《专利法案》,被称为“第一个包括各项要点的国家专利法”,规定把专利权授予最早发明者,专利权有效期为14年,同时还规定发明者要取得发明的垄断权,就必须公开自己的技术。这是英国最早的专利法,也可以说是世界上最早的专利法。1852年英国正式成立了专利局,负责专利的申请、审查、批准等事宜,1872年政府系统地培训了专利审查人员,1905年开始实行新颖的专利申请审查制度。

工业革命之后，英国的城市发展发生了巨大的转变。越来越多的人从农村聚集到城市。城市化的进程影响了人们的日常生活。19世纪英国大量的人口居住在城市。可以说，英国是最早开始城市化进程的国家，一些关于城市空间发展的观念和行为最初从英国开始试验，并向世界各地传播。

15 世纪末到 17 世纪初，随着英国海外贸易的发展和原始资本的积累，英国的资本主义迅速发展起来。资本主义的发展促使资产阶级新贵族形成，他们同资产阶级有着共同的利益，但 17 世纪时，斯图亚特王朝厉行专制统治，经常触犯资产阶级的利益，宗教专制政策也进一步激化了阶级矛盾，最终导致了 1640 年英国资产阶级革命的爆发。

1640 年查理一世召开新议会，这标志着英国资产阶级革命的开始，1688 年议会反对派发动宫廷政变（又称光荣革命），标志着英国资产阶级革命的结束，以新贵族阶级为代表推翻封建专制统治，建立起英国资本主义制度，并在 1689 年颁布《权利法案》，以法律形式对王权进行明确制约。

**（二）第一次工业革命时期的中国由盛转衰**

第一次工业革命时期，中国正处于清朝统治之下。清朝是中国历史上最后一个封建王朝，共传十二帝，在康熙、雍正、乾隆三朝走向鼎盛，在此期间，中国的传统社会取得了前所未有的发展成就，人口增长、土地增垦、物产丰盈、小农经济的社会生活繁荣稳定，综合国力远胜于汉唐。清朝前期农业和商业发达,江南出现了密集的商业城市。清朝人口数最高突破四亿,占当时世界总人口十亿的近一半。

清朝从乾隆末年开始有衰落迹象。乾隆于1799年去世,嘉庆帝得以亲政。然而嘉庆帝未能解决体制和社会的弊端,清朝继续走向衰落。

继任的道光帝在位30年。道光帝掌政风格日趋保守和僵化,其间出现各种问题。官场中,结党营私、相互倾轧、卖官鬻爵、贿赂成风;军队里,装备陈旧、操练不勤、营务废弛、纪律败坏;财政上,国库日益亏空、入不敷出。这直接导致阶级矛盾激化,民变四起、外敌入侵。

1840年至1842年,英国对中国发动了一场侵略战争,即鸦片战争,由此开启了中国近代史。1840年,英国政府以林则徐的虎门销烟为借口,决定派出远征军侵华。1840年6月,英军舰船47艘、陆军4 000人在海军少将乔治·耶律(George Elliot)、驻华商务监督义律(Charles Elliot)率领下,陆续抵达广东珠江口外,封锁海口,鸦片战争开始。鸦片战争以中国失败并赔款割地告终。中英双方签订了中国历史上第一个不平等条约《南京条约》,中国向外国割地、赔款。

1850年,咸丰皇帝即位,时年20岁。咸丰登基不久就发生了太平天国农民起义,之后又有英法联军进攻北京火烧圆明园。咸丰在位11年,31岁时病逝,在任期间,时局动荡,战乱不断。

1860年4月,英法联军占领舟山。1860年8月,英法联军18 000人,由北塘古口登陆,进占天津。1860年9月,清军在北京通州八里桥迎战英法联军失利。清咸丰帝逃往承德。1860 年 10 月 18 日，英法联军占领北京，抢劫焚毁圆明园。1860 年 10 月，清廷派奕欣为全权大臣议和，签订中英、中法《北京条约》。1860 年 11 月，沙俄又胁迫清政府签订中俄《北京条约》。中国支付巨额赔款，丧失大片领土主权。

慈禧太后，叶赫那拉氏，于咸丰二年通过选秀入宫，赐号兰贵人，后册封懿嫔。1856 年，生下咸丰帝唯一的皇子载淳（即后来的同治帝），晋封懿妃，后又晋封懿贵妃。慈禧太后是晚清重要政治人物，是当时清政府的实际统治者。

### （三）第二次工业革命引爆世界新格局

19 世纪 60 年代后期，英国、德国、美国、日本都完成了资产阶级革命或改革，促进了经济的发展，开始了第二次工业革命，人类进入了“电气时代”。

第二次工业革命对社会经济、政治、文化、军事、科技和生活各方面都产生了深远的影响。资本主义生产的社会化大大加强，垄断组织应运而生，导致了资本主义各国发展的不平衡，帝国主义国家争夺市场和争夺世界霸权的斗争更加激烈，最终促进了世界殖民体系的形成，使资本主义世界体系最终确立。这一变革影响至今。

从 19 世纪 60 年代开始，出现了一系列的重大发明。

首先要说影响最大的发电机的发明。发电机是指将其他形式的能源转换成电能的机械设备，它由水轮机、汽轮机、柴油机或其他动力机械驱动，将水流、气流、燃料燃烧或原子核裂变产生的能量转化为机械能传给发电机,再由发电机转换为电能。发电机的形式很多,但其工作原理都基于电磁感应定律和电磁力定律。

简要梳理发电机发明的几个重大节点:

1832 年,法国人毕克西发明了手摇式直流发电机,其原理是通过转动永磁体使磁通发生变化而在线圈中产生感应直流电。

1866 年,德国的西门子发明了自励式直流发电机。

1870 年,比利时的格拉姆制成了环形电枢,发明了环形电枢发电机。这种发电机是用水力来转动发电机转子的,经过反复改进,于 1875 年得到了 3.2 千瓦的输出功率。

1882 年,美国的戈登制造出了输出功率 447 千瓦、高 3 米、重 22 吨的两相式巨型发电机。

1896 年,特斯拉的两相交流发电机在尼亚拉发电厂开始营运,产生的 3 750 千瓦和 5 000 伏的交流电一直送到 40 公里外的布法罗市。

有了直流电和交流电,各种电器被陆续发明,电灯、电车、电影放映机相继问世。众所周知的托马斯·爱迪生的实验室发明的留声机、电影摄影机和改进的电灯对世界有极大影响。爱迪生实验室搜罗了一大批从事发明创造的人才,他们发明的成果都登记在爱迪生的名下,由爱迪生注册专利。

我们从小听说,爱迪生发明了电灯,这是不准确的。爱迪生之前,已经有名为电烛的原始电灯,戴维、戈贝尔等科学家相继完成了电灯实验,遗憾的是,他们都没有申请专利。爱迪生正是受到了上述科研成果的启发,才选择了用碳化纤维作为白炽灯材料,并完成了世界上第一个“大规模专利”的实用电灯。

科学界有一个普遍共识，人类历史上曾经存在过两个公认的旷世天才，就是达·芬奇和尼古拉·特斯拉。特斯拉是塞尔维亚裔美籍发明家、机械工程师、电气工程师。他被认为是电力商业化的重要推动者之一，并因主持设计了现代交流电系统而最为人知。

1884 年，特斯拉怀揣着推荐信，第一次踏上美国国土，来到了纽约，投奔爱迪生。这封来自某位高人的推荐信上说：“我知道有两个伟大的人，一个是你，另一个就是这个年轻人。”爱迪生当即决定聘用特斯拉。

特斯拉富有天赋，连爱迪生都感到惊讶。特斯拉重新设计了直流电机，据特斯拉自传，爱迪生答应给予他的 5 万美元报酬没有兑现，他就“任性”地离开了爱迪生实验室，另起炉灶。

爱迪生押注投资了直流电公司，力保直流电产业的利益，而特斯拉主推交流电，因此两位大侠就此开始了生死角逐。

为了搞垮交流电公司，爱迪生不断制造流言，损毁特斯拉名誉，甚至贿赂政府官员，把死刑由绞刑改为交流电电刑，当众电死猫、狗，以污蔑交流电，甚至不断制造事端，向特斯拉施压。

特斯拉坚定信念，最终发明了异步电动机，通过哥伦比亚博览会的照明工程，展示交流电的可靠性和安全性，最终赢得了“电流之战”。交流电也取代直流电，成为主流，奠定了现代电力的基础。

特斯拉与爱迪生，都是发明天才，都称得上真正的“电气之父”。据说特斯拉 11 次提名诺贝尔奖，却 9 次让贤，2 次拒领。爱迪生在

1915 年获得了诺贝尔物理学奖提名和诺贝尔化学奖提名。两位天才的交恶,令人唏嘘。

另外一个重要发明和革新是内燃机的创新和使用。19 世纪七八十年代,以煤气和汽油为燃料的内燃机相继诞生,内燃机的发明解决了交通工具的发动机问题。19 世纪 80 年代,德国人卡尔·本茨等人成功地制造出由内燃机驱动的汽车。远洋轮船、飞机等也得到了迅速发展。内燃机的发明,直接推动了石油开采业和石油化工工业的发展。1870 年,全世界生产大约 80 万吨石油,而 1900 年生产量猛增到了约 2 000 万吨。

20 世纪 70 年代,美国人贝尔发明了电话。20 世纪 90 年代意大利人马可尼试验无线电报取得了成功,由此开创了电信事业。电信产业极大地促进了世界各国、各地区的经济、政治和文化联系。

在第二次工业革命的推动下,生产和资本出现集中,少数采用新技术的企业挤垮大量技术落后的企业。生产和资本集中到一定程度便产生了垄断,进而形成了从流通到制造领域的垄断组织,大量的社会财富日益集中在少数大资本家手里。

这一时期产生的垄断组织覆盖电力工业、化学工业、石油工业和汽车工业等,影响至今。一方面,垄断组织实行大规模的集中生产,企业的规模进一步扩大,上下游因为有利可图而较好协同,劳动生产率进一步提高。另一方面,控制垄断组织的大资本家为了攫取更多的利润,越来越多地干预国家的经济、政治生活,资本主义国家逐渐成为垄断组织利益的代表者。垄断组织还跨出国界,形成国际垄断集团，要求从经济上瓜分世界，促使各资本主义国家加紧了对外侵略扩张的步伐。19 世纪末 20 世纪初，美、德、英、法、日、俄等主要资本主义国家相继进入帝国主义阶段。

**（四）三位“火箭之父”改变世界**

第一次世界大战是传统战争向现代战争的转化阶段。第二次世界大战纯粹就是现代化战争，在二战期间，涌现出来的各种军事“黑科技”，决定了战争的进程，也对战后世界带来了决定性的影响。

一战以后的德国，一直在“卧薪尝胆”，竭尽全力发展毁灭性军事技术，试图卷土重来，洗雪一战“战败之耻”。导弹就在一战后进入了研究领域。

1925 年，德国人率先在奥比尔公司生产的汽车上试验了火箭推进器。

1927 年，一批德国科学家与工程师开始研发液态火箭推进器。

1932 年后，德国陆军派遣对火箭研发有兴趣的瓦尔德·多恩伯格上尉负责相关事宜，瓦尔德招募了当时为经济状况烦恼的大神级科学家沃纳·冯·布劳恩（Wernher von Braun），并组织了以他为首的火箭研究小组进入德国陆军兵器局，开始进行液态火箭推进器的试验。

从 1933 年至 1941 年，冯·布劳恩的团队不断进行火箭研发，1934 年 12 月，A－2 火箭取得了满意的成果，于是他们继续研究 A－3 与 A4 火箭。

A－4 火箭在 1942 年正式研发成功，随即开始量产制造，1944 年

9月被正式命名为“V2火箭”。

导弹在二战的出现比较晚,然而战争结束以后,导弹的诸多技术被用在民用火箭之中,推动了航天工业的蓬勃发展。同时它也使人类的探索领域更加广阔。

纳粹德国战败后,美国将冯·布劳恩和他的设计小组带到美国。移居美国后任美国国家航空航天局的空间研究开发项目的主设计师,主持设计了阿波罗4号的运载火箭土星5号。美国NASA对冯·布劳恩做出如下评价:“毋庸置疑,他是史上最伟大的火箭科学家。他最大的成就是在担任NASA马歇尔空间飞行中心总指挥时,主持土星5号的研发,成功地在1969年7月首次达成人类登陆月球的壮举。”

1945年3月,苏军包围了柏林。苏联渴望得到的V2导弹技术总工程师却被带去了美国。苏联组织本国专家对德军遗留的V2导弹以及工厂进行研究。此时,在西伯利亚“劳动改造”的苏联火箭专家科罗廖夫被重新启用,被任命为火箭设计总工程师。历经多次失败,科罗廖夫和同事最终放弃此时已经落后的V2导弹技术,直接开发多级火箭。1957年8月21日,苏联第一枚多级火箭发射成功,它同时也是世界第一枚多级火箭。

第二次世界大战留下了很多“黑科技”,也给人类留下很多恐惧和梦想。在各国用洲际导弹和核武器相互制衡的今天,全球性的世界大战被认为不会发生,人类借助这些技术可以奔向太空,实现共同的目标——科技改变人类。

### （五）第三次科技革命卷起财富风暴

第三次科技革命是从20世纪四五十年代开始，至今仍在继续推进的新科学新技术革命。人类在电子计算机技术、航天技术、航空技术、原子能技术、人工合成新材料、分子生物学和遗传工程等领域的发明和应用，及所创造的经济成就超出了过去历史上的任何时期。

从1945年二战结束到1980年的35年时间，出现了美国、日本、西欧为主的三个资本主义经济发达中心，以及以苏联为主的社会主义经济体，全球GDP得以快速增长。经济高速增长的背后离不开科技创新的推动。

1945年至20世纪50年代初，美国经济凭借其技术积累与资源，得以快速发展。日本受到美国援助，同时启动科技创新，经济发展紧随其后。西欧各国凭借原有的经济技术基础和人才资源，借助"马歇尔计划"的援助，工业生产逐渐恢复到战前水平。50年代初至70年代初是这些国家或地区经济发展的"黄金时期"，1973年至1982年是其经济滞胀阶段。

科学技术促进区域经济发展，其直接后果是发达国家或地区会通过控制科技研发核心环节，将制造、服务等非核心价值环节向外部转移。亚洲"四小龙"等新兴经济体的崛起，就是这一全球经济模式的体现。

"亚洲四小龙"是指从20世纪60年代开始，亚洲的中国香港、中国台湾、新加坡和韩国接受美国、日本、欧洲地区的产业转移，吸引大量的外国资金和技术，发展劳动密集型的加工产业，并实现技术的

“边做边学”，推出制造业的出口导向战略，积极参与国际产业分工，实现了经济的腾飞，技术的进步，一跃成为亚洲的发达富裕地区。

苏联的科技也相当厉害。苏联的经济基础、工业基础、科技能力本身就好。同时，苏联实行的高度集中的政治经济体制，在苏联前期十分有效，“集中力量办大事”，实现了军事技术的大发展。苏联国土广大，资源丰富，物产多样，实现了资源开发与工业发展互补。二战胜利后，苏联从德国获取了大量尖端技术，例如喷气式飞机、导弹、潜艇技术等，加上战后对重工业的全力投入，采取举国体制，其科技高速发展，在很多领域曾一度超越美国。

信息技术（Information Technology，缩写为 IT）是指用于管理和处理信息所采用的各种技术。IT 技术是软硬一体化的综合性技术，既包括计算机科学技术，还包括通信、信息处理等领域的新技术。

随着 IT 技术的进步，人类对知识的积累、学习、传播、分享、搜寻、复制、整理效率提升，知识创新的速度加快，从而推进知识经济、创意产业的规模和范围进一步扩大。

计算机时代，产生了生产计算机的几大领军企业。

国际商业机器公司（International Business Machines Corporation，即 IBM），总公司设在纽约州阿蒙克市，由托马斯·沃森于 1911 年创立于美国，是全球最大的信息技术和业务解决方案公司。

IBM 创立时的主要业务为生产商业打字机，之后转为生产文字处理机，然后涉足计算机和有关服务。2016 年，IBM 在美国获得了

8 088 项专利，IBM 位列 2018 年世界品牌 500 强排行榜 28 位。

IBM 的创始人托马斯·沃森一生的经历，向我们演绎了一个典型的“美国梦”。1874 年 2 月 17 日，沃森生于美国纽约州北部一个贫困的农民家庭，父亲是来自英国的移民，靠伐木和种地谋生。

因为家里穷，当时教育还不是很普及，所以沃森没有上过几天学，并且为了减轻父母负担，他 17 岁就开始进入社会。他的第一份工作是走街串巷推销缝纫机。1895 年，困境中的沃森把谋生的目光投向“全国现金出纳机公司”，继续从事推销员工作。

在沃森 40 岁的时候，他开始创业，推出新型制表组合机，受到广大客户欢迎。1919 年，沃森公司的销售额高达 1 300 万美元，利润也升至 210 万美元。1924 年，沃森 50 岁，他决定将公司更名为“国际商用机器公司”，简称 IBM。20 世纪 30 年代初，IBM 开始进入生产打字机行业，到 30 年代末，IBM 公司的销售额增长到 3 950 万美元，其利润达到 910 万美元，一跃成为全美最大的商用机器公司。

第一次世界大战结束后，计算机市场初露端倪，沃森让 IBM 充当先锋，率先攻占计算机市场，因此他后来被人称为“计算机之父”。1933 年，IBM 就曾为哥伦比亚大学设计了一种高速运算器。1937 年，沃森拨款 50 万美元给哈佛大学的计算机专家，历时 6 年研制出世界上第一台自动顺序控制计算机，名为“马克 1 号”。1946 年，IBM 又推出第一台电子计算机。1948 年，又推出一台部分电子部分电机的数字计算机。

1949 年，IBM 总裁沃森正式任命儿子小沃森为执行副总裁。

1956 年,完成权力交接的沃森因为心脏病去世了,小沃森带领 IBM 继续前进,20 世纪 80 年代 IBM 成为世界上最大的计算机公司。

微软公司(Microsoft)始建于 1975 年,美国跨国科技公司,是世界个人计算机(Personal Computer)软件开发的先导者。微软由比尔·盖茨与保罗·艾伦创办,公司总部设在华盛顿州的雷德蒙德(Redmond)。公司最为著名和畅销的产品为 Microsoft Windows 操作系统和 Microsoft Office 系列软件。

比尔·盖茨,1955 年出生于美国西雅图。比尔·盖茨 13 岁开始学习计算机编程设计,18 岁考入哈佛大学,一年后从哈佛退学,1975 年与好友保罗·艾伦一起创办了微软公司,比尔·盖茨担任董事长、CEO 和首席软件设计师。

比尔·盖茨曾连续 13 年位列《福布斯》全球富翁榜榜首,2000 年比尔·盖茨成立比尔和梅琳达·盖茨基金会。2008 年,比尔·盖茨宣布将 580 亿美元个人财产捐给慈善基金会。2014 年比尔·盖茨辞去微软公司董事长一职。2019 年 1 月,比尔·盖茨入选美国杂志评选出的"过去十年影响世界最深的十位思想家"。

保罗·艾伦生于华盛顿州西雅图,其父亲是华盛顿大学图书馆副馆长,从小饱览群书,但是最喜欢的是计算机编程。艾伦曾就读于西雅图著名的私立学校湖滨中学(Lakeside School),在这里他遇到了比他小两级但对计算机同样痴迷的比尔·盖茨。中学毕业之后艾伦入读华盛顿州立大学。为了实现编写商业软件的梦想,他在两年之后辍学，后来与从哈佛大学辍学的盖茨创立了微软公司。

甲骨文软件系统有限公司（Oracle），是全球最大的企业级软件公司，总部位于美国加利福尼亚州。2013 年，甲骨文公司已超越 IBM，成为继 Microsoft 后全球第二大软件公司。2018 年世界品牌实验室编制的“2018 年世界品牌 500 强”榜单揭晓，甲骨文公司排名第 31 位。

拉里・埃里森（Larry Ellison）是甲骨文的创始人，他的产品遍布全世界，他也是《钢铁侠》主人翁的原型。2019 年 3 月，拉里・埃里森以 625 亿美元财富排名“2019 年福布斯全球亿万富豪榜”第 7 位。

埃里森在 20 世纪 70 年代创立了软件公司 Ampex，为美国中央情报局设计出一套名叫 Oracle 的数据库。

1977 年，埃里森与同事一起成立了软件开发研究公司“软件开发实验室”（Software Development Labs），埃里森拥有 60%的股份，这一年他 32 岁。1978 年，公司更名为“关系式软件公司”（RSI）。RSI 在 1979 年发布了一套数据库软件，美国中央情报局想买一套这样的软件来满足他们的需求，但在咨询了 IBM 公司之后发现 IBM 没有可用的商用产品，他们联系了 RSI，于是 RSI 有了第一个客户。1982 年，RSI 公司更名为甲骨文（Oracle）。

互联网的发展，凝聚了一批严肃的科学家、科技达人和富有远见的政界人士，历经上十年实验，星星之火，汇成燎原之势，造就信息大革命。

1961 年,伦纳德 · 克兰罗克(Leonard Kleinrock)发表论文《大通信网上的信息流》(“Information Flow in Large Communication Nets”),提出了信息革命的构想。

1965 年,麻省理工林肯实验室的 TX - 2 计算机与 Q - 32 计算机通过 1 200 bps 的电话专线直接连接。随后,又将数据设备公司(DEC)的计算机加入其中,组成了实验网络。

美国高级研究计划署(Advanced Research Project Agency,简称 ARPA)的核心机构之一是信息处理办公室(Information Processing Techniques Office),一直在关注电脑图形、网络通信、超级计算机等研究课题。

1969 年,美国国防部委托开发阿帕网(ARPAnet),把加州大学洛杉矶分校、加州大学圣巴巴拉分校、斯坦福大学、犹他大学四所大学的四台大型计算机进行联网。阿帕网主要是用于军事研究,作为互联网的早期骨干网,阿帕网的试验奠定了互联网存在和发展的基础。

1975 年,阿帕网已经连入了 100 多台主机,并结束了网络试验阶段,移交美国国防部国防通信局,正式投入运行。研究人员开始了第二代网络协议的设计工作,这个阶段的重点是网络互联问题。在 1980 年前后,阿帕网所有的主机都转向 TCP/IP 协议。到 1983 年,美国国防部国防通信局将阿帕网分为两个独立的部分:一部分仍叫 ARPAnet,用于进一步的研究工作;另一部分成为著名的 MILNET,用于军方的非机密通信,从而诞生了真正的互联网。

1986年，美国国家科学基金会（National Science Foundation，NSF）利用阿帕网发展出来的IP通信建立了NSFnet广域网。NSFnet于1990年6月彻底取代了阿帕网而成为互联网的主干网。

互联网的发明是人类的一次伟大信息革命。这场革命带来了军事、科学、通信、商业、政务、教育、社群、支付等领域的技术模式、商业模式、消费模式的转型。

1994年，杨致远和大卫·费罗（David Filo）在美国联合创立了雅虎（Yahoo）门户网站。1996年4月12日，雅虎正式在华尔街上市，上市第一天公司市值达到5亿美元。而雅虎1995年的营业额不过130万美元，实际亏损63万美元，直到1996年底，才赚了区区9万美元。这开启了互联网企业创立、融资的“神话故事”。这一模式发展至今，继续创新，未有停息。

雅虎属于门户网站（Portal Web），门户网站是指通向某类综合性互联网信息资源，并提供有关信息服务的应用系统。跟随雅虎，全球出现了门户网站创业大潮。中国则出现了新浪、网易、搜狐等著名门户网站。

1998年，拉里·佩奇（Larry Page）和谢尔盖·布林（Sergey Brin）在美国斯坦福大学的学生宿舍内共同开发了谷歌在线搜索引擎，并迅速传播给全球的信息搜索者。当年这两位合伙人在加利福尼亚州创立谷歌（Google）。

2004年8月19日，谷歌公司在纳斯达克上市。2018年，世界品牌实验室编制的“2018年世界品牌500强”榜单，谷歌排名第二位，2019年度全球最具价值100大品牌中，谷歌排名第二位。

拉里·佩奇和谢尔盖·布林是互联网界的传奇，激励着互联网行业的年轻人把梦想变为现实！

拉里·佩奇1973年出生在美国密歇根州东兰辛市的一个犹太家庭，父亲卡尔文森·佩奇是密歇根大学计算机系教授，拥有计算机科学博士学位，母亲葛洛丽亚·佩奇也是密歇根大学的计算机系教授，是一名犹太教徒。佩奇是密歇根大学安娜堡分校的荣誉毕业生，拥有密歇根大学理工科学士学位和斯坦福大学计算机科学博士学位。佩奇2011年4月4日正式出任谷歌CEO。2013年，佩奇获选“2013美国40岁以下最有影响力CEO”，并荣登“福布斯2013全球富豪榜”位列第二十名，2019年位居“福布斯美国400富豪榜”第6名。

谢尔盖·布林出生在苏联莫斯科的一个犹太家庭，父母两人皆毕业于莫斯科国立大学。父亲米哈伊尔·布林当时在莫斯科一所学校任教，并曾在苏联的计划委员会就职。谢尔盖6岁时(1979年)，全家自苏联移民至美国。他的父亲成为马里兰大学的数学教授，布林在马里兰州就读小学，身为马里兰大学数学系教授的父亲培养了布林在数学上的兴趣。中学毕业后，布林进入马里兰大学攻读数学专业，父亲希望他能沿着自己的足迹成名，在数学的道路上一走到底。然而，布林并没有按照父亲给他设定的规划发展，互联网深深地吸引着他，他把互联网视为通往未来的必经之路。2019 年 10 月，谢尔盖位居“福布斯美国 400 富豪榜”第 7 名。

2019 年 12 月 4 日，拉里·佩奇和谢尔盖·布林宣布，他们将控制权转交给谷歌现任首席执行高管桑达尔·皮猜（Sundar Pichai），同时，拉里·佩奇将卸任谷歌母公司 Alphabet 首席执行官职位，而谢尔盖·布林也将卸任总裁一职，同时该职位将被取消。

谷歌早期主营业务包括互联网搜索、云计算、广告技术，开发并提供大量基于互联网的产品与服务，开发线上软件、应用软件，还涉及安卓操作系统、谷歌 ChromeOS 操作系统等多个领域。改组后的控股公司 Alphabet 已经发展成为一个庞大的集团，旗下除了谷歌之外，还包括谷歌风投、谷歌资本、谷歌实验室、生物技术公司、生命科学研究机构、风力发电系统开发公司等。

2019 年，拉里·佩奇和谢尔盖·布林发布了“退休公开信”，他们表示谷歌控股公司 Alphabet 致力于通过杰出领导者和独立自主推动企业蓬勃发展。公司正将精力聚焦在机器学习和人工智能开发上。

CEO 年度公开信是硅谷公司文化的一部分。公开信中，每一位 CEO 都会满怀激情，总结过去一年的奋斗历程，陈述取得的成果，特别还要富有策略地解剖存在的问题。谷歌联合创始人也经常发布 CEO 年度公开信。这两位天才级的企业家、科学家，保持着坦率、简单，甚至有些天真的个性，时常掀起全球互联网的一波又一波浪潮。

这就是谷歌！在互联网的发展史上，谷歌创造了辉煌，它是人类缺一不可的互联网企业。同时，通过谷歌，我们看到了“创造源于梦想”的魅力。人类，始终要怀着梦想。个人，始终要怀着梦想。

脸书（Facebook）由马克·扎克伯格（Mark Zuckerberg）于2004年2月4日创立。最初，网站的注册仅限于哈佛的学生，在之后的两个月内，注册扩展到波士顿地区的其他高校。

2010年2月2日，脸书赶超雅虎成为全球第三大网站。

2012年2月2日，脸书向美国证券交易委员会（SEC）正式递交了首次公开募股（IPO）申请。据招股书资料，脸书业务涉及全球几乎所有国家，月活跃用户已经超过8亿人。截至2011年年底，脸书月活跃用户为8.45亿人。2017年第二季度脸书的月活跃用户首次超过20亿人。

2019年7月22日，脸书公司荣获“2019年世界500强最赚钱的50家公司”第14名。

1994年夏天，从金融服务公司辞职出来的贝佐斯（Jeff Bezos）决定创立一家网上书店，贝佐斯认为书籍是最常见的商品，标准化程度高，而且美国书籍市场规模大，十分适合创业。经过大约一年的准备，亚马逊网站于1995年7月正式上线。贝佐斯把亚马逊定位成“地球上最大的书店”。

亚马逊从网站上线到公司上市仅用了不到两年时间，而后从最大书店的地位转变成为最大的综合网络零售商、云服务商。由于亚马逊提供的亚马逊云服务在 2013 年来的出色表现，著名 IT 开发杂志《软件开发时代》(*SD Times*)将其评选为“2013 SD Times 100”，“云服务”分类排名第一名，“极大影响力”分类排名第一名。

亚马逊名列 2020 年“《财富》全球最受赞赏公司榜单”第 2 位，2020 年“全球最具价值 500 大品牌榜”第 1 位。

## 四、文化之魂

技术为王？内容为王？渠道为王？功能为王？应用为王？等等争论，不一而足，尚无定论。因为，本身没有前提的讨论，定无结论。

不同的时代，不同的诠释，不同的理解。在每一个产业阶段，什么是最重要的因素？什么为“王”？皆不可一概而论，要具体事情具体分析。

提到 IP，大家马上联想到熟悉不过的互联网网际互联协议(Internet Protocol，简称 IP)。同时知识产权(Intellectual Property，也简称 IP)，此知识产权与科技研发和内容创意产业均紧密相关。在创意产业领域，科技研发、文化创意均涉及知识产权。要发展脑力经济，必须要顺应国际上关于知识产权认证、保护、交易、开发、发行的有关规律。因为历史原因以及跟随、赶超过程的复杂性，我国在科技与内容产业领域存在知识产权短板。

前面讨论过的芯片半导体，国外早就设立了极高的知识产权门槛，这是除了人才、技术等领域的门槛外，又一个难以跨越而又必需跨越的门槛。没有知识产权就得花钱获得授权，同时还要附带很多使用条件。

当我们刚刚接触个人电脑，打开包装，我们看到机箱上贴着一个小标签“Intel Inside”，伴随着清脆的开机声音响起，飘出 Windows 视窗界面。英特尔（Intel）的处理器加 Windows 系统，标志了个人 PC 时代的开始。

英特尔成立于 1968 年，是美国一家以研制电脑中央处理器（Central Processing Unit，即 CPU）为主的公司，是全球最大的个人计算机零件和 CPU 制造商，它创造了超过 50 年的产品迭代创新。英特尔在 2016 年“世界企业五百强”榜单中排第 51 位。2018 年 12 月，世界品牌实验室编制的“2018 世界品牌 500 强”揭晓，英特尔排名第 17 位。英特尔在手机芯片领域没有加大战略投入，在电脑芯片领域引领风骚数十年，最近几年英特尔的年度净利润保持在 40~50 亿美元。

芯片产业分为研发、测试、制造、封装、销售等很多环节，英特尔采取了全产业链纵向一体化、纵向布局的战略。但是还有一批企业专注于芯片的研发，称为知识产权供应商。

2013 年全球半导体 IP 市场规模达 24.5 亿美元，其中芯片 IP 玩家 ARM 以 43.2%的市占率遥遥领先，稳居龙头，新思科技（Synopsys）与幻想科技（Imagination Technologies）分别以 13.9%与 9%的市占率占据第二、三位。

ARM 公司于 1991 年成立于英国剑桥，主要出售芯片设计技术的授权。它与一般的半导体公司最大的不同就是不制造芯片，且不向终端用户出售芯片，而是通过转让设计方案，由合作伙伴生产出各具特色的芯片。总共有超过 100 家公司与 ARM 公司签订了技术使用许可协议，其中包括英特尔、索尼等大公司。ARM 公司利用这种双赢的伙伴关系迅速成了全球性 RISC 微处理器标准的缔造者。ARM 微处理器已遍及工业控制、消费类电子产品、通信系统、网络系统、无线系统等各类产品市场。ARM 公司一度是苹果、Acorn 等公司的合资企业。根据英国《金融时报》2016 年报道，日本软银斥资 234 亿英镑，折合 310 亿美金收购英国芯片设计厂商 ARM。

新思科技公司是全球最大的电子设计自动化（Electronic Design Automation，简称 EDA）软件工具的领导厂商，为全球电子市场提供技术先进的集成电路（IC）设计与验证平台，致力于复杂的芯片系统（SoCs）的开发。同时，新思科技公司还提供知识产权和设计服务。新思科技公司总部设在美国加利福尼亚州，有超过 60 家分公司分布在北美、欧洲、日本与亚洲。在中国，新思科技建立了上海、北京两个研发中心，整合了 500 多位研发人员。

幻想科技公司现以硅智财（SIP）授权贩售及 DAB 收音机制造为主要业务，英特尔及苹果公司分别持有幻想科技 16.02%及 9.5%的股份。

文创知识产权包括了更为丰富的内涵，例如商标使用权、品牌使用权、特许经营权、肖像使用权、复制权、播映权、网络传播权等。

我国有四大发明,有上下五千年的悠久文化,更有数不胜数的名人名家。稍作梳理,我们老祖宗留下的“超级 IP”实在太多。

汉字是历史上最古老的文字之一。也是至今通行的世界上最古老的文字。世界上还没有任何一种文字像汉字这样经久不衰。汉字的发展经过了甲骨文、金文、大篆、小篆、隶书、草书、楷书、行书等书体演变。中国文字演变出来的中华书法,就是堪称世界一绝的大 IP。

仅举一例。王羲之是东晋时期书法家,他的书法兼善隶、草、楷、行各体,精研体势,心摹手追,广采众长,备精诸体,冶于一炉,摆脱了汉魏笔风,自成一家,影响深远。王羲之的代表作《兰亭序》被誉为“天下第一行书”。他与其子王献之被合称为“二王”。

中国古代丰富的文学作品也都是大 IP,我们现在看到的电影、电视剧、动漫、网络游戏、手机游戏,很多都是对这些 IP 的加工和创新。依托古代文学 IP,通过新的故事形式、新的技术手段和传播媒介,会产生巨大无比的产业。

当然,还有中华传统的音乐 IP,唐代中国宫廷乐舞《霓裳羽衣舞》,宋代的民间音乐、杂耍配乐,以及传承至今的古琴、二胡、琵琶、古筝演奏的曲目和各少数民族的音乐作品,都是代表中华民族文化的优质 IP。

在绘画方面,历朝历代更是风格各异、精品迭出,例如汉唐的佛教主题绘画、宋代花鸟虫鱼仕女图、清代的山水画都代表了东方艺术的特色和个性,堪称东方艺术 IP。

近代中国历史走过了一个曲折的演进过程。近代的上海、广州等地也出现了短暂的东西方文化交融、碰撞，产生了一批立足中华文化同时带有市场化取向的 IP 作品。近代上海被誉为“远东文化中心”，上海成为当时全球知名的电影制作中心、全球艺术表演舞台，东西方影视、音乐、舞台剧等各种文化元素汇聚于此，形成了上海的一大文化特色。

在改革开放后，中国内地受到来自香港地区、澳门地区、台湾地区各种影视作品、文学作品、流行音乐的影响，掀起了李小龙电影热、琼瑶热、流行音乐热……受到来自日本和韩国的文化影响，掀起了卡拉 OK 热潮、游戏热、日剧热、“韩流”……

同时，中国向美国、欧洲打开大门，政治、经济、贸易的开放交流与合作，带动了中国对西方文化的认知，我们对有额度引进的好莱坞大片惊叹不已，我们还在香港、上海建设了迪士尼乐园。

美国的 IP 用最现代的科技、极富想象力的创作，讲美国梦的故事，同时也借助全球各地区、各民族的文化符号，实现全球商业化扩张。

看到好莱坞的咄咄逼人和美国大 IP 的成功运作，我们总有“落差感”和“紧迫感”。

美国知名授权杂志 *License Global* 日前公布的“2018 年全球 150 强 IP 授权商排行榜”涵盖了娱乐、体育、餐饮、时尚、艺术等多个主要商业领域，以企业拥有的特许授权品牌 2017 年的零售额为依据进行排名，150 强授权商的授权商品总零售额高达 2 980 亿美元，较 2016 年增长了 260 亿美元。其中排名前十位的 IP 供应商有：华特迪士尼（The Walt Disney Company）、梅雷迪思（Meredith Corporation）、环球品牌开发公司(Universal Brand Development)、孩之宝(Hasbro)、艾康尼斯品牌集团公司(Iconix Brand Group)、华纳兄弟消费品(Warner Bros. Consumer Products)、美国职棒大联盟(Major League Baseball,简称 MLB)、尼克频道(Nickelodeon)等。

星球大战、蜘蛛侠、汽车总动员、米老鼠、小黄人、侏罗纪世界、变形金刚、哈利·波特、蝙蝠侠、超人、海绵宝宝等品牌在全球家喻户晓。

我国是儿童消费产业大国。据不完全统计,每年我国儿童食品销售额为人民币 350 亿元左右,每年儿童玩具的销售额为人民币 200 亿元左右,每年儿童服装的销售额达人民币 900 亿元以上,每年儿童音像制品与各类儿童出版物的销售额达人民币 100 亿元。面对如此巨大的创意产品需求,我们要实现国有 IP 占主导的格局,一方面要考虑经济效益,降低 IP 授权的成本,另一方面也从国民文化教育的角度做长远考虑。

但是,我国还不是 IP 大国,原因主要可归纳为两个方面,一是我国文化创意产业总量及其占 GDP 的比例还没有达到 IP 产业大国的水平。最近几年,我国创意产业的规模略占 GDP 的 6%,而日本的文化产业占 GDP 的 20%~30%,韩国的创意产业规模占 GDP 的总量超过 10%,我国与日韩的差距还很大。二是我国在培育经典 IP 的产业基础、消费习惯、创意能力、制作水平、传播能力、投资配套等方面与美、日、韩还存在一定差距。

内容产业,是典型的创意产业。创意经济规模的增长、创意产业在空间上的集聚和在产业链上的延伸,对全球区域分工、产业转移、政府管治都带来了不同程度的影响。很多国家或地区都提出要发展多种创意产业，促进创意经济增长。

在2008年美国金融危机爆发后，全球经济增长总体减缓，低能耗、高速率增长的创意经济再次成为经济学研究的焦点。国际上普遍提出要发展低碳经济，而创意经济是最为典型的低碳经济。

低碳经济是指在可持续发展理念的指导下，通过技术创新、制度创新、产业转型、新能源开发等多种手段，尽可能地减少煤炭、石油等能源消耗，减少温室气体排放，达到经济社会发展与生态环境保护双赢的一种经济发展形态。

英国学者约翰·霍金斯在《创意经济》一书中提出，全世界创意经济每天创造220亿美元的高附加值，并以5%的速度递增。在一些国家，增长的速度更快，美国达14%，英国为12%。在韩国、新加坡、美国、日本、瑞典等国家，创意产业对GDP增长的贡献率已经超出传统工业。英国也在创意经济战略中获益，从1995年至2000年，伦敦创意产业产出年均增速达4%，超过其他所有行业。

2002年至2005年，美国版权产业年均增长率达到7.66%，远高于同期3.48%的GDP增长率。20世纪90年代以来至今，美国软件产业每年以12.5%的速度增长，几乎是美国GDP增长率的2.5倍。

日本的娱乐产业总价值在2006年已经达到1 000亿美元，动画产业是其核心，在2005年，日本动画产业收入达到185亿美元。近几年，日本政府一直将游戏、动画、电影产业作为娱乐业的核心。

韩国文化一度掀起“韩流”。“韩流”一词源于围棋，后用以指代韩国文化在其他地区的影响力。广义的“韩流”包括韩国服饰、饮食等等；狭义的“韩流”通常指韩国电视剧、电影、音乐等娱乐业的地区性影响。20 世纪 90 年代，“韩流”进入中国。1993 年韩国电视剧《嫉妒》在中央电视台播出，这是韩剧第一次登陆内地荧屏。1997 年电视剧《爱情是什么》在央视的热播带动了韩国娱乐文化涌入中国。《蓝色生死恋》《大长今》等经典剧集更是将“韩流”推向高峰。

21 世纪以来，韩国的游戏产业的增长速度达到每年 10%。韩国近年举国家之力发展创意产业，极力推进科技与创意的融合。我国第一波游戏热潮就是由韩国游戏《传奇》带动的，继而出现网络游戏、手机游戏、网页游戏浪潮。

1993 年以来，印度软件业的年均增长速度为 50%左右，印度成为世界软件出口大国。印度软件和服务业企业行业协会（NASSCOM）预计，到 2020 年印度 IT 服务收入将达到 2 250 亿美元（其中国内收入 500 亿美元，出口收入 1 750 亿美元）。

中国的改革开放，创造了世界奇迹。其中一个发展经验就是，吸引海外资本和技术，充分利用中国的劳动力和市场，实现合作发展。中国的 IP、“好莱坞的编导”、“洛杉矶的制作”、“法国的艺术”、“意大利的设计”、“日本的衍生品”、“韩国的发行”，整合起来，会不会就是一盘文化产业的大餐？东方梦工厂提供了典型案例。

东方梦工厂（Pearl Studio）是第一家中美合资的动画公司，华人文化产业投资基金（以下简称华人文化）占股 55%，美国公司梦工厂动画公司占股45%,2012年在上海成立。

项目方宣布,东方梦工厂致力于为国内外观众打造包括动画和真人电影、电视和网络剧集、现场娱乐表演等世界级的娱乐内容。

东方梦工厂汲取并融合好莱坞尖端电影技术与资源,结合对中国文化、市场以及消费者的深刻洞察,携手本土顶尖合作伙伴,实现战略共赢,为中国及全球消费者打造世界一流、多元创新的娱乐体验;同时东方梦工厂深耕中国市场,致力于培养卓越的国际化本土人才,助力提升中国娱乐产业在全球的竞争力与影响力,并期望用"中国制造"的原创故事影响世界观众。

梦工场动画公司创始人、董事长兼首席执行官杰弗瑞·卡森伯格(Jeffrey Katzenberg)说:"在5到7年内,中国将成为世界上最大的电影市场,(这次合作)对我们来说是一次巨大的机遇。"

东方梦工厂成立以来的首部电影作品是《功夫熊猫3》,《功夫熊猫3》拥有世界超一流的制作班底,代表了当时最先进的动画电影制作水准。

2018年2月2日,《每日经济新闻》报道,东方梦工厂股权变动尘埃落定,由华人文化为首的中国财团全资控股东方梦工厂,美方公司不再是股东。

## 五、人才大战

科技创新、文化创意的核心是人才。创意经济增长主要依靠人才、人才组合与企业组织。20 世纪 80 年代,罗默、卢卡斯等人在舒尔茨人力资本理论的基础上,进一步提出提高劳动力质量对经济增长具有极大的推动作用。

高科技人才的空间集聚与创新型、创意型经济的发展具有高耦合度。就拿美国硅谷为例,美国电子协会发布的调查报告显示,2006 年纽约、大华府、圣荷西(硅谷)、波士顿、达拉斯是高科技就业人数最多的都会区,纽约有 31.7 万人、大华府有 29.6 万人从事高科技工作,圣荷西(硅谷)地区每 1 000 名私营企业工人中有近 300 人从事高科技工作,比例最高。

围绕科技研发与创意经济的发展,全球区域经济的竞争趋向于对人力资本的争夺。2007 年,《底特律自由报》就宣称:"21 世纪,我们要清醒地看到,全球仍然处于高技术人才的争夺期。"近三十年,国际性人才流动从地缘上看呈现明显的从南流向北,从东流向西,其中受益最大的是美国、西欧、日本等国家或地区。据美国大学研究所协会统计,2006 年,约有 56.5 万名来自世界各国的学生在美国大学研究所注册就读,美国在 1901 年到 1991 年之间有约一百名研究人员获得诺贝尔奖,其中约有一半的获奖者是外国出生的移民。其他不少国家也采取优惠的、选择性的移民政策以吸引世界上最优秀的高层次人才。截至 2007 年 6 月底,日本制造业在中国的雇佣人数已经突破 100 万,约占日本企业全部海外雇佣人数的 1/3。这些国家或地区,正是依靠科技与创意人才的集聚,最终发展了超常的高科技与创意经济产业。

2006年联合国发布的世界移民报告显示，2005年全球移民人数1.9亿人，其中1.15亿人流入发达国家，0.75亿人流入发展中国家。技术移民是发达国家引进科技人才的主要手段。根据张永凯的研究，20世纪60年代到90年代，发展中国家流入到发达国家的技术移民总数超过了200万人。美国、加拿大、英国、法国、澳大利亚是主要的人才流入国，人才为其带来了新的知识和研发力量。

中国经济发展产生的“中国引力”，对国际人才流动格局也有影响。《2018全球人才流动和资产配置趋势》报告显示，作为最大的留学生输出国，中国目前持续迎来留学生归国潮，“北上广深”一线城市以及武汉、重庆等“新一线城市”正在成为吸引全球人才的高地。中国现在参与“全球人才环流”，虽然目前环流到中国来的国际人才主要为海归和华侨华人，但外国人到中国发展，在未来十年、二十年会成为一个新趋势。

印度2003年开始承认双重国籍，截至2007年，从美国回到印度的信息产业的人才数超过了5万人。

新加坡人才流失率一度超过90%，但是从20世纪90年代开始，人才回流率超过60%。在新加坡400多万的常住人口中，近100万人是外籍人才。

人才流动的趋势总是从经济欠发达地区向发达地区流动。吸引与吸纳人才的因素很多，主要是政策和经济条件。首先是具备让人才留下来的政策条件，其次具备让人才发挥作用的机会，人才才会进来、留下来。美国1952年、1965年、1990年连续三次颁布移民法，完善移民政策,为吸引全球高端人才提供了政策环境。加拿大的经济技术移民占比超过60%。澳大利亚则实施了企业家移民计划,吸纳了大批企业家人才、高级专业人才。德国实施“绿卡工程”。英国推出“积点记分制”移民制度。欧盟实施人才“蓝卡计划”。韩国尝试推行了双国籍计划。新加坡、新西兰还设立了海外猎头机构。美国的企业集团通过海外并购、设立分支机构等方式挖掘海外人才。日本通过国际交流与合作,促进优秀人才到日本工作与技术交流。

# 第四章 | 创意内动力

一切中知一，一中知一切。一即一切，一切即一。

——《华严经》

1836 年，查尔斯·罗伯特·达尔文（Charles Robert Darwin，1809—1882）搭乘“小猎户号”船只考察位于印度洋东部的基林群岛，他在日记里记录着一个疑问：“虽然我现在并不知道确切的原因，但是我认为那些珊瑚岛海岸水域的壮观景象一定有其成因。”30 年后，达尔文的《物种起源》给出了问题的答案，进化论开始闻名于世。

爱因斯坦在自传里描述说：“我记得在四五岁的时候首次经历了这种‘吃惊’：我从父亲那儿得到一个罗盘，我无比震惊于指南针那奇特而准确的行动方式，因为我无法在自己的头脑中，也就是在我无意识的概念世界里面找到一个合适的位置来安置它。这次经验给我留下了深刻而持久的印象，直至现在。我想我那时就应该在思索：肯定有什么东西在它的后面深深地隐藏着。对于刮风下雨，对于月亮以及月亮不会掉落而物体会下落，对于生物和非生物之间巨大的差别等，人们都毫不惊讶，因为这些事物都太常见，大家已经见怪不怪了。”

达尔文考察过程中的一个“疑问”，爱因斯坦儿时一个“吃惊”，打开了两位改变人类历史的大师的思维。一个思想的火花，一个思维的念头，一个由外而内的触动，一个不眠之夜的想法，改变了很多人的人生，甚至影响了全人类。星星之火，可以燎原。创意的火花如何燎原？

这些伟大的发现者，没有放过一闪而过的灵感，他们走向了探索未知的王国。

## 一、一念之间

创意是一道火花，一闪而过。创意的产生，就在“一念之间”。《仁王般若经》卷上记载：“九十刹那为一念，一念中，一刹那经九百生灭。”天台宗称一念，也称一心，指心念活动的最短时刻。与作为时间单位的一念不同。我们的心在一念之间，可以上下古今，中外奔驰，神游太虚，无远弗届，比光速还要来得快。

人是大自然的产物，很多伟大的理论和感悟，或源自在一棵大树下的冥思苦想，或源自在电闪雷鸣的夜晚突发的奇想，或源自在仰望浩瀚星空时的灵机一动！

释迦牟尼在菩提树下的开悟，很有代表性。

释迦牟尼，又称佛陀，本名叫乔达摩・悉达多，他于两千多年前在古代印度创立了佛教。乔达摩・悉达多拥有迦毗罗卫王国的继承权。但是当29岁的释迦牟尼看到人生的生老病苦，毅然决定放下富贵荣华，出家修行，希望能寻求到普度众生的方法。

据佛经记载，释迦牟尼在菩提树下坐禅七七四十九天，终于顿悟人生真谛，修成了正果。这次坐禅所体悟到的大智慧，成了佛经教义的精髓。

菩提树下，释迦牟尼实现了顿悟。神奇的"牛顿苹果树"，启迪了天体力学的伟大发现，还将继续启发更多有志于物理科学事业的后来者。

众所周知，青年牛顿，有一天坐在一棵苹果树下，突然，他看到一颗苹果从树上掉落！牛顿想：是什么作用力，让苹果掉到地上，而不是飞到太空？于是，牛顿悟出了万有引力定律。

牛顿是英国伟大的数学家、物理学家、天文学家和自然哲学家，其研究领域包括了物理学、数学、天文学、神学、自然哲学甚至炼金术。牛顿发明了微积分，发现了万有引力定律和经典力学，设计并实际制造了第一架反射式望远镜等，被誉为人类历史上最伟大、最有影响力的科学家。

牛顿苹果树，是人类纪念和传播牛顿研究精神的一个隐喻。虽然故事本身有后人加工的成分，但故事是美好的，传递的道理也是深刻的。

牛顿苹果树原本生长在牛顿的故乡伍尔斯索普庄园。至今伍尔斯索普庄园里还立有伊丽莎白女王颁发的保护令。

据称牛顿苹果树还在我国得到移植,传为佳话。2007 年 2 月,天津大学龚克校长率代表团到了伍尔斯索普庄园,在征得主人同意后,剪下 3 条 10 多厘米长的牛顿苹果树的枝条带回国内。牛顿苹果树的嫁接苗在上海辰山植物园国家级隔离试种基地里长成,于 2015 年 10 月 21 日正式亮相上海科学会堂。

但愿牛顿苹果树能够启发、激励一批中国的“小牛顿”!

## 二、创意火花

创意如何发生?人的创意如何实现产品化?创意产品如何发展成为商品?人们为什么要投入艰苦的科学研究?个人与团队的创意如何形成创意企业的竞争力?

人类几十亿颗大脑每天飞速运转,产生的念头、点子、想法、创意无所不有,上天入地,神游万里,甚至穿越宇宙太空,进入无极世界。

这些不计其数的创意如果都转化为可用的产品,那是否可以堆满半个宇宙?

刘勰,字彦和,生活于南北朝时期,中国历史上著名的文学理论家,其著名代表作《文心雕龙》里有这样一段话:

古人云:文之思也,其神远矣。故寂然凝虑,思接千载;悄焉动容，视通万里。吟咏之间，吐纳珠玉之声；眉睫之间，卷舒风云之色。

一是创意产生的心理学原理。

人的创意从社会实践中来。人的大脑是认识并存储外界信息的器官，更是产生创意的关键设备。人的社会实践必须经过人的感知，并经过大脑的形象思维、逻辑思维加工，而后产生知识。知识在人的大脑里实现了信息的重组与再造，从而实现了社会实践的逻辑化、符号化、意识化，从而在大脑里面产生了“新的想法”。这些“新的想法”可以称为“创意”。马克思将这个过程视为人对社会实践认识的“质的飞跃”。

人认识客观世界的两个过程：第一个过程，感性认识阶段。人通过人的感官，以潜意识的方式摄取、映射了外界信息，或者通过有意识的学习、工作、劳动等社会实践，将信息、经验（直接经验、间接经验）吸收到人的大脑中。这个过程完成了大脑外部信息向大脑内部信息的转化。第二个过程，理性认识阶段。大脑对前述第一阶段采集到的原始信息进行加工，通过逻辑分析的方法完成素材的产品化。人通过实践得到初级价值信息，再进行分类、加工、重组、整合、关联、提炼，由此产生了不同于前述原始信息的新的思想、新的想法。创意就是产生在这个阶段。人通过理性认识阶段得到的“新思想、新想法、新发明”就是我们研究的“创意”。

人的创意是否具有价值？一个创意（新思想）正确与否，第一关是要通过逻辑思维的检验,如果无法通过,那就不具有根本的社会实践价值。如果通过了逻辑分析关,就进入社会实践的检验关。如果通过这两个检验过程,那么这个新思想就存在社会实践价值。

思维方法是其他一切方法的基础和核心。现代科学思维方法包括控制方法(如反馈方法、黑箱方法、功能模拟方法)、信息方法、系统方法、结构和功能方法、模型化方法和理想化方法等。创意思维首先必须遵循辩证的思维方法。创意思维同时必须强调利用新的现代思维方法。创意思维方式是多种多样的,既强调系统性、实践性,同时也强调创新性。

借助让·皮亚杰(Jean Piaget)的发生认识论,在创意生成中,智慧贯穿于发生认识论的四个基本环节,即图式、同化、顺应、平衡。创意产生于扬弃旧图式、建立新图式的认识过程。创意者的灵感、直觉等,都发生在"顺应"这一阶段。运用发生认识论来看创意的生成,可以将创意分为提出问题、创意酝酿、创意孵化、创意生成、创意成熟完善五个阶段。

让·皮亚杰是瑞士心理学家和哲学家,对生物学、哲学、心理学和逻辑学都有精湛的研究。《发生认识论原理》一书是皮亚杰在1970年出版的一本理论性著作,较集中、系统地阐述了他对认识论的观点。皮亚杰强调认识的建构是通过主客体的相互作用完成的。他说:"认识既不是起因于一个有自我意识的主体,也不是起因于业已形成的(从主体的角度来看)、会把自己烙印在主体之上的客体;认识起因于主客体之间的相互作用,这种作用发生在主体和客体之间的中途,因而同时既包含着主体又包含着客体。”

人的创意的生成有其独特的心理动机。亚伯拉罕·马斯洛(Abraham Harold Maslow)提出的人类需求五层次理论是目前用来解释人之所以会产生创意的主要理论之一。马斯洛是美国社会心理学家、人格理论家和比较心理学家,人本主义心理学的主要发起者和理论家。马斯洛理论把需求分成生理需求、安全需求、社会需求、尊重需求和自我实现需求五个层次。人所处的经济条件、物质环境、文化地位不同,产生创意的动机也就不同。创意的动机包括满足安全需求、归属需要、尊重需要、自我实现需要。

高度的专注会促发灵感。

普通光源是向四面八方发光。要让发射的光朝一个方向传播,需要给光源装上一定的聚光装置。激光器发射的激光,天生朝一个方向射出,光束的发散度极小,大约只有 0.001 弧度。

人类大脑的专注,就是要把我们思维的“普通光源”转化为“激光”。

阿基米德发现浮力定律,源于他对科学的专注。

有一次国王让金匠为自己打了一个皇冠,皇冠造型非常别致,重量和国王给的原材料一样,但国王有点怀疑匠人是否私吞黄金,就让阿基米德给出鉴定。这次可把阿基米德给难住了,他回到家里,不吃饭,不洗澡,但问题还是没有解决。

一天,国王派人催促阿基米德进宫汇报。他妻子看他太脏了,就让他洗澡。当他进浴盆洗澡的时候,他意识到身体进入澡盆,水会溢出。于是,他衣服也没有穿就跑出来说:“我想出来了,我想出来了!”

阿基米德就应用了他的理论测量出皇冠的密度,从而证明了匠人的确私吞了黄金。这就是我们今天普遍应用的浮力定律。

那些高度专注于研究对象,而不放过任何蛛丝马迹的科学家,容易产生灵感,获得重大科学突破。青霉素的发现就是一个典型的例子。

早在唐朝时,长安城的裁缝会把长有绿毛的糨糊涂在被剪刀划破的手指上,帮助伤口愈合,就是因为绿毛产生的物质(青霉素素菌)有杀菌的作用。但是,唐代还没有条件发明青霉素。

1928 年,英国细菌学家亚历山大·弗莱明由于一次幸运的过失而首先发现了青霉素。弗莱明在用显微镜观察培养皿时发现,霉菌周围的葡萄球菌菌落已被溶解。这意味着霉菌的某种分泌物能抑制葡萄球菌。此后的鉴定表明,上述霉菌为青霉菌。1929 年,弗莱明发表了他的研究成果。

其实,在弗莱明之前,有很多人做了奠基性的工作。

1870 年,在圣玛丽医院工作的博登-桑德斯已观察到在被霉菌污染的培养液中细菌无法生长。受博登-桑德斯的启发,英国外科医生、外科防腐技术的发明者李斯特对此做了进一步研究,发现被青霉菌污染的尿液会抑制细菌的生长。1875 年,英国著名物理学家丁铎尔向伦敦皇家学会报告说,青霉菌会杀死细菌。1877 年,法国著名微生物学家巴斯德及其同事发现青霉菌会抑制尿液中的炭疽杆菌的生长。1897 年,23 岁的法国医学生恩斯特·杜彻斯尼完成其博士论文，他发现青霉菌能完全清除培养基中的大肠杆菌。1920 年，比利时人安德烈·格拉提亚和莎拉·达斯在法国巴斯德研究所工作时发现，感染了青霉菌的葡萄球菌培养基中，葡萄球菌的生长被抑制了。

1941 年前后，英国牛津大学病理学家霍华德·弗洛里与生物化学家钱恩实现对青霉素的分离与纯化，并发现其对传染病的疗效。并把这项技术奉献给人类，从此开创了抗生素时代。

美国制药企业于 1942 年开始对青霉素进行大批量生产。到了 1943 年，制药公司已经发现了批量生产青霉素的方法。当时英国、美国正在和纳粹德国交战，这种新的药物对控制伤口感染非常有效。1945 年弗莱明、弗洛里和钱恩因“发现青霉素及其临床效用”而共同荣获了诺贝尔生理学或医学奖。

在弗莱明之前虽然有多人注意到了青霉菌能抑制细菌的生长，但是他们没有一个人像弗莱明那样做更深入的研究。

青霉素的发明，是人类征服病菌微生物的一次伟大飞跃。具有专业知识的、专注于某项研究的工作者，通过一次专业的判断，把闪电一样的现象背后的本质牢牢抓住，就可能开启人类进步的一个新时代。

这就是抓住创意火花的一个逻辑！创意随时会来，但是要抓住它，识别它，利用它，确实是一门技巧，一个挑战。这应验了一句话：机遇只会留给那些有准备的人。

二是创意产生的经济学原理。

西方古典经济学中的经济人假设,认为人具有完全的理性,可以做出让自己利益最大化的选择。经济人(economic man)又称理性—经济人、实利人或唯利人。

这种假设最早由英国经济学家亚当·斯密提出。亚当·斯密在《国富论》中说:“我们每天所需要的食物和饮料,不是出自屠户、酿酒家和面包师的恩惠,而是出于他们自利的打算。”

西尼尔定量地确立了个人经济利益最大化公理。约翰·穆勒在此基础上总结出经济人假设。帕累托将经济人这个专有名词引入经济学。与经济人假设对应的是社会人(social man)假设。

社会人假设最早来自梅奥主持的实验。梅奥认为,人是有思想、有感情、有人格的活生生的社会人,人不是机器和动物。作为一个复杂的社会成员,金钱和物质虽然对其积极性的产生具有重要影响,但是起决定因素的不是物质报酬,而是劳动者在工作中发展起来的人际关系。

人的创意产生既有经济人的诉求,也有社会人的诉求。

保罗·罗默同时提出了创意经济的本质与特点。创意的非竞争性决定了创意的生产只涉及一次性的固定成本和零边际成本。新创意的生产要有赢利的可能性,专利和版权是保证发明者在一个时期内拥有垄断权以从其发明获益的法律机制,即发明者利用法律体系来影响和改变创意的排他性程度。

可见,人要将创意转化为创意产品,本身要具有必要的技能、经验,还要具有相应的动机。人一旦将创意转化为创意产品,同时也具备了经济人的特征。创意产品具有独特的属性和规律。这解释了人为什么要将创意产品化。

创意的产生既有个人心理因素的作用，也有外围经济因素的作用，是自然与环境的产物。

## 三、创意燎原

从创意的火花形成，到形成燎原之势，是一个逐步的、较为漫长的“假设”与“求证”过程。如果要将有价值的创意转化为现实的产品或商品，并形成产业，就需要符合产业发展的规律。

创意转化为产品是一个非常复杂的过程，同时也受到来自创意者自身与外界环境、客观条件的系统性支持与制约。创意商品化的基本过程是：个人或群体创意的具体化（有形的、无形的），形成产品，通过市场交易实现商品化。

一是个体创意的产品化。

有一类创意，是通过个体借助一定的工具就能完成产品化的。例如一位画家，构思了一幅山水画，他通过画纸、画笔和颜料，将内心山水画的创意给表现出来，形成了一幅画作。那么这个画作是不是产品呢？

我们先看产品的定义。一般认为，狭义的产品指具有某种特定物质形状和用途的物品。广义的产品是指人们通过购买而获得的能够满足某种需求和欲望的物品的总和，它既包括具有物质形态的产品实体,又包括非物质形态的利益。

现在理论界讨论更多的是整体产品(total product)的概念。科特勒提出整体产品可以分解为核心产品(core product)、有形产品(tangible product)、外延产品(augmented product)三个层次。

核心产品是指专为满足顾客细分市场的特定需求设计的基本服务或利益,是产品使用者购买某种产品所追求的核心利益,是产品最基本、最主要的部分。核心产品是产品使用者获得能满足某种需要的最大效用或利益,即顾客真正要购买的产品的使用价值。

有形产品是指供出售的具体产品,是核心产品借以实现的形式:有形产品为实体物品的话,则一般是指产品的质量、外观造型、式样、名称、包装等。

外延产品包括生产者加到所提供的有形产品中可以使产品对目标顾客更具吸引力的各种附加价值。例如,有形产品附加的服务和利益,包括售后服务等,也包括产品给予使用者心理上的满足等。

可以说,画家的画作(无论画的水平如何)属于产品。个体独立完成创意产品化的整个过程的必要条件就包括个体的创意产生、个体的技能(例如画家的绘画技能)、必要的工具(例如画家需要画笔、画纸、颜料等工具才能绘画)、形成作品等方面。

二是基于组合条件的创意产品化。

还有一类创意必须通过与其他人合作才能实现产品化。这主要有三个原因。第一,单个个体不具备将创意转化为产品的能力,例如一位纳西族的老人具有高超的音乐创作能力,但是他并不会谱曲。

第二，缺乏必要的工具(单个的工具或者系统工具)，例如一位工业设计师设计了一个新的齿轮的图纸，但是他没有一个大型机床将这个富有创意的齿轮生产出来。第三，社会制约因素，一位调酒师调制出了一种新的白酒配方，但是因为白酒生产的经营许可制度，他不能把新配方的白酒批量生产。

这些创意的产品化更加复杂，受到多方面的制约。其中包括个体制约，如个体创意能力、个体技能等；经济制约；资金制约；工具制约；制度制约，如法律等制度环境；文化与社会制约，如创意者所处环境的文化氛围、风俗、社会关系网络，等等。

企业实现创意的产品化过程是典型的后一类。因为企业追求利润的需要，所以任何创意产品化的最终目标是增加利润。将创意成果转化为商业回报，这是企业的使命之一。

## 四、创意资本

产品与商品是两个紧密联系的概念，但是有本质区别。产品生产的结果就是产品(product)。商品(goods)则具有经济范畴的意义。经济意义上的商品指专门用来交换的产品，也就是说，画家的画作如果自己收藏，不到市场上进行交易、流通，那么就不是创意商品，一旦进入画廊、书画、拍卖行进行交易，就成为创意商品了。

对企业而言，其创意产品的开发过程可分为创意阶段、产品化阶段、商品化阶段。

在企业里,创意的来源无非基于个体、基于组合条件这两种。促进创意产生的因素主要包括:公司产品发展目标、竞争压力、顾客需求等。

创意要转化为产品才能实现交换,从而为顾客带来利益,创造价值。创意的产品化阶段就是将创意的信息、符号、理念转化为有形的实体和服务等。

要从产品变成商品,务必经过产品开发、产品生产、产品测试、产品营销、产品试销、产品评估、售后服务等过程。

在此解剖这个过程中的三个必然机制。

一是企业创意产生的机制。

企业的目的是赢利。人力资源是企业创意的基础。新经济增长理论把新古典增长模型中的劳动力的定义扩大为人力资本投资,即人力不仅包括绝对的劳动力数量和该国所处的平均技术水平,而且还包括劳动力的教育水平、生产技能训练和相互协作能力的培养等,这些统称为人力资本。

企业员工进行创意的直接动因可能是个人兴趣与爱好,完成工作任务与实现绩效目标,在团队中实现自我等。

二是企业创意产品化的机制。

企业是否愿意将员工形形色色的创意转化为产品?影响因素很多。我们还是从企业使命来看。企业为了追求利润,始终在投入与产出中进行决策。

首先,从投入看,要分析清楚企业创意产品化的成本结构。成本结构亦称成本构成，即产品成本中各项费用所占的比例或各成本项目占总成本的比重。与人力匹配的投入成本与创意产品的产出最为相关。

其次，从收益看，企业收益分为直接收益和间接收益。企业的直接收益来源于产品销售；间接收益来源于企业的技术积累、无形资产的积累，等等。在企业中，其直接收益与间接收益的背后，无不是人力资源在起作用。

即使是企业具有将创意转化为产品的机制，但是因为自身的投入和技术因素制约，有些创意产品化的过程还无法完成。此外，企业的战略、管理也是决定创意是否能产品化的因素。

三是从创意产品向创意商品的转换机制。

马克思认为价值是商品的一种属性，价值的大小取决于生产这件商品所需的社会必要劳动时间的多少。商品的效用是满足购买者的需求。我们可以认为创意是一种抽象劳动，一旦发生交换，就具有价值。如果创意不能在市场上交易，那么这种创意就没有价值。

创意的价值高低是通过交易实现的，最终体现为直接价格或者变相的价格（如劳动工资的高低）。因此，培育创意交易的市场，推进创意在交换中实现价值，是实现创意产品转向创意商品的重要方面。

个人的创意生成（如创作一幅画、编写一个软件、谱一首歌）或一个企业的某类创意产品都无法构成创意产业。创意产品的市场形成后，就可能形成创意产业。

近20年来，数字科技、网络平台科技一般遵循“10年”规则，即根据一个发明或一个好的创意模式建成平台,再使平台得到大众用户的认可,这一过程约需要 10 年时间。例如,从广播技术发明,到广播电台、广播站完成覆盖服务;从电视机发明,到电视站建成服务,都花了大约 10 年。黑白电视、高清电视、网络电视、模拟手机、平板电视、全球定位系统(GPS),等等,都存在差不多 10 年的产业化过程。

更进一步,创业产业要规模化发展,离不开资本化的推动和助力。我们来看如下三个案例。

案例一:梳子大王"谭木匠"的成长史

谭木匠是集梳理用品、饰品于一体的小木制品专业化集团公司,旗下包括重庆谭木匠工艺品有限公司、谭木匠发展有限公司、手工馆、美裕饰品、自强木业、江苏谭木匠旅游发展有限公司等子公司。谭木匠自主研发产品超过 2 000 种,拥有近 100 项专利,在 300 多个大中城市有近 1 500 家专卖店,出口超过 10 个国家或地区。

谭木匠作为一项中国传统手艺企业,如何做到产业化、规模化、资本化的呢?我们来回顾谭木匠的创业发展史。

谭木匠的创始人谭传华出生在重庆市万州农村。18 岁失去了右手,不过要强的他很快走出身体残疾的阴影,跟着二哥学得一手好画,并成为一名小学老师。

谭传华在"闯天下"的过程中偶然买了一把梳子,这激发了他创业做梳子的念头。谭传华于 1993 年创立"谭木匠",1995 年,谭传华正式注册"谭木匠"商标。

谭传华搞过无数次技术改革,经过十多年的经营探索与积淀,最终把企业做成木制艺术工艺品行业里的领军企业。

谭传华在经营管理过程中融入了对艺术的思考和实践，把一个看似很简单的梳子做得很有文化味、艺术味和时尚味。

2009年12月，“谭木匠控股有限公司”在香港交易所成功上市。谭木匠2016年度收益2.63亿元，其中毛利润1.73亿元、毛利率高达65.7%，净利润1.14亿元、净利率高达43.3%。2018年实现收益3.12亿元、净利润1.15亿元。

在创业过程中，谭传华突破了资金紧张的巨大瓶颈和困难。在谭木匠股票上市后，公司成功跨越了产品多元化与打造独特核心产品的战略矛盾，通过将企业搬迁到江苏句容，实现了企业迈上新的台阶。

从谭木匠这个案例，我们可以看到，一个好的“点子”或商业想法，需要经过企业化、产品化、市场化、资本化、IP化等成长路径。每一步都很艰险，同时也考验创始人获取资源、风险预判与化解能力。

案例二：孔雀舞者杨丽萍

中国舞蹈艺术家杨丽萍，国家一级演员，以孔雀舞闻名，并把孔雀舞成功打造为全球知名的大文化IP。

1958年，杨丽萍出生在大理的一个白族人家，她从小酷爱舞蹈，虽然没有进过任何舞蹈学校，但她凭借着天赋，1971年从村寨进入西双版纳州歌舞团。

1979年，由杨丽萍主演的大型民族舞剧《孔雀公主》，荣获云南省1979年表演一等奖。1980年后她被调入中央民族歌舞团。1986年她创作并表演了独舞《雀之灵》,一举成名,并荣获第二届全国舞蹈比赛创作一等奖、表演第一名。1990年,在北京亚运会闭幕式中表演独舞《雀之灵》。

2003年,由杨丽萍出任艺术总监和总编导并领衔主演的大型原生态歌舞《云南映象》在昆明成功举办。2004年《云南映象》获第四届中国舞蹈"荷花奖"舞蹈诗金奖、最佳女主角奖、最佳编导奖、最佳服装设计奖和优秀表演奖。2005年《云南映象》荣获万宝龙国际艺术赞助大奖,为展现云南民族文化作出了杰出贡献。

2014年,云南杨丽萍文化传播股份有限公司在新三板挂牌,成为第一家登录新三板的舞蹈演艺公司。杨丽萍曾经表示要"让每个作品具备可商业化运营的基因,让文化长久地流传下去"。

杨丽萍凭借其个人艺术才能成为民族舞蹈文化的IP,通过产品化打造和运营,实现了IP的持续发展,并尽可能借助多元化资本市场做大做强,扩展IP的影响力。

案例三:"印象系"爆款IP

著名导演张艺谋在旅游文化领域打造了"印象系"爆款IP,如《印象·刘三姐》《印象·丽江》《印象·西湖》《印象·海南岛》《印象·大红袍》等大型山水实景演出,均有惊艳的艺术化与商业化表现。

其中,张艺谋印象系列第一部《印象·刘三姐》表现抢眼,运营

《印象·刘三姐》的桂林广维文华旅游文化产业有限公司业绩良好。《印象·刘三姐》自 2004 年 3 月公演以来，最多一年演出 500 多场，已成为广西旅游的名片。据网络渠道查询到的数据，截至 2017 年，广维文华公司累计销售门票 162 万张，票房总收入 2.1 亿元，净利润近 1 亿元。

但是让人吃惊的是广维文华公司却因为资不抵债，于 2017 年 8 月 15 日向广西高级人民法院申请破产重组。12 月 4 日，广西高院作出终审裁决，批准公司重组计划草案，重组完毕后，企业控制权易主。

查阅广维文华公司的变更过程，得知公司由一批业务骨干为主的自然人组建发起，业务做大后，难免在投资回收、利润分配等方面存在矛盾。

这个案例并非个案，在企业发展过程中，会出现战略不清、利益分配矛盾等问题，导致企业经营失衡甚至失控。尤其是文化创意企业，存在核心 IP 主创与主演团队、投资团队、政府牌照许可运营方及资源投入方等多方面的协调问题，谁来主导战略？谁来对项目和企业负责？都是非常具体而现实的问题。这需要遵循现代企业制度的安排，确保市场化运营。

以个人为主体的创意或以企事业团体为主体的创意都可能转化为创意产业。创意的产品化，无论是无形或有形的产品，硬体或软体形式的产品，都必须经受市场化、规模化的检验，并最终要通过交易才能实现价值。

# 第五章 | 创造外动力

发明家的工作非常艰苦，他们常常得不到应有的物质回报，甚至会遭受误解。但是，他们在运用智慧进行创造与发明的过程中得到了巨大的精神安慰，获得了满足与快乐，并因丰富的知识而获得了某些特权。如果没有他们，人类在残酷的自然环境中，或许早已消失。

——尼古拉·特斯拉(Nikola Tesla)

尼古拉·特斯拉解释了科技发明的源动力。他认为，发明是人类智慧最伟大的产物，在很大程度上推动了人类的进步。可以说，发明创造是以满足人类需求为最终目的的，它是人类用智慧来掌控物质世界，利用自然力来满足本能需求的过程。

人类为什么要研究科学？人类为什么要发展技术？人为什么对科学着迷？人为什么对技术感兴趣？人为什么创造文学、艺术？现在对这些问题的解释有先天论、后天论，有需求论、满足论，也有兴趣论和压力论。

## 一、欧洲音乐奇才

1756年1月27日，莫扎特(Mozart)生于萨尔茨堡一位宫廷乐师家庭，他的父亲列奥波尔得·莫扎特是那座城中宫廷天主教乐团的小提琴手，也是一位作曲家，母亲安娜·玛丽亚·莫扎特也热衷于音乐，会拉大提琴和小提琴。1760年，4岁的莫扎特开始跟父亲学习钢琴并开始作曲。1762年，6岁的莫扎特在父亲的带领下到慕尼黑、维也纳、普雷斯堡作了一次试验性的巡回演出。1763年6月至1773年3月，莫扎特与父亲先后到德国、法国、英国、荷兰、意大利等国进行为期十年的旅行演出。这次演出让莫扎特对当时最先进的意大利歌剧、法国歌剧、德国器乐等都有了认识，还结识了巴赫、马蒂尼、萨马蒂尼等作曲家并学习到他们的作曲技术。1791年，莫扎特还未完成大型宗教音乐作品《安魂曲》就离奇死亡，享年35岁，后葬于维也纳。

从6岁到16岁，莫扎特的大部分时间都在旅行演奏中度过。他没有像一般人一样进过小学、中学和大学，没有进过音乐学院。他从父母那里得到了音乐天赋和演奏技能，周游列国获得了欧洲文化的涵养。给予莫扎特音乐灵感的不仅仅是音乐，还包括欧洲的自然环境，是多瑙河哺育了莫扎特音乐。

1828年3月11日，歌德这样谈起莫扎特："同创造力相比，天才究竟是什么呢？在上帝和大自然面前，天才是通过事业来表明其自身存在的,这些事业是产生结果的,是长久起作用的。莫扎特的全部作品就属于这一类;其中蕴藏着一种生命力,一代接着一代发挥作用,取之不尽,用之不竭。”

莫扎特之所以伟大,是因为他站在巴赫和海顿肩上的缘故。贝多芬之所以伟大,是因为他站在海顿和莫扎特肩上的缘故。

贝多芬(Beethoven,1770—1827),出生于波恩,维也纳古典乐派代表人物之一。贝多芬一生创作题材广泛,重要作品包括9部交响曲、1部歌剧、32首钢琴奏鸣曲、5首钢琴协奏曲、多首管弦乐序曲及小提琴、大提琴奏鸣曲等。因贝多芬对古典音乐的重大贡献,以及对奏鸣曲和交响曲套曲结构的发展和创新,他被后世尊称为“乐圣”“交响乐之王”。

贝多芬在父亲严厉苛刻的教育下度过了童年。他22岁开始定居于维也纳。他的音乐作品通过强烈的艺术感染力和宏伟气魄,将古典主义音乐推向高峰。1827年3月26日,贝多芬于维也纳逝世,享年57岁。

罗曼·罗兰评价说:“贝多芬的一切,他的敏锐,他对世界的感受,他那独特的智慧和意志,天公对他的独特构造方法,他的理想,还有他身体中的特有物质,他的脾性,等等,都是欧洲那一特定时代的代表。”

贝多芬的一生经历了法国大革命前后欧洲社会的激烈变革,他的作品是时代和个性结合的产物。他极大地扩展了交响音乐的思想内容,使之成为直接反映社会变革的艺术。

## 二、激励万众创新

激励(motivation)在百科全书中的含义很直接，“激发勉励，使振作”。我们在学习、工作过程中经常要面对激励问题。

激励也是一个心理学术语，在管理学领域是指激发员工的工作动机，调动员工的积极性，发挥员工的创造力，培养员工的责任感和使命感。企业发展状况与公司员工的受激励状况有很大关系。

罗莎白·默丝·坎特认为：“领导者的一项基本也是亘古不变的任务就是激励和引导员工的绩效表现。”

管理学领域的激励理论来源于行为科学的研究。归纳起来，管理学的激励分为内容型激励理论、过程型激励理论和状态型激励理论。

马斯洛把“需要”分为五个层次：生理的需要、安全的需要、感情的需要、尊重的需要、自我实现的需要。激励可以说就是针对这五种需要而配置的资源。

1968 年，洛克提出目标设置理论。洛克认为，目标是引起人的行为的最直接动机，设置合适的目标会使人产生想达到该目标的成就需要，因为目标对人具有强烈的激励作用。

期望理论是美国心理学家弗鲁姆在 1964 年提出的，弗鲁姆主要研究需要与目标之间的规律，着重分析激励因素起作用所必须的条件，他认为人的固定要求决定其行为方式，决定行为的动机因素主要是期望与效价。

美国哈佛大学教授斯金纳提出强化理论,认为人的行为只是对外部环境所作出的反应,是受外部环境刺激调节与控制的,只要控制行为的后果,就可以达到控制和预测人的行为的目的。

经济学的激励理论主要有产权理论、生产要素的经济利益驱动理论。产权理论认为资源的稀缺性引起相对价格变化,从而引起产权界定的收益和成本对比关系的变化,产生私有产权。德姆塞兹认为:“产权的重要性在于它帮助一个人形成与其他人进行交易时的合理预期,其功能在于引导人们实现外部性较大的内在化激励。”一种有效的产权制度,能够抑制人们通过分配性努力实现利益最大化的行为倾向,激励人们通过生产性的努力来增加收益。

生产要素的经济利益驱动理论的解释是,在一个竞争性的生产要素市场里,生产要素受经济利益的驱动,会从利润低的行业和地区流向利润高的行业和地区。

有研究认为,人的创造发明,组织的创新,主要来源于激励。通过激励,可以激发创意的强度与频度。

企业的人力资源的素质、企业目标的管理水平、绩效考核机制和企业文化能决定一个企业中员工个人及整体的创意能力。

激励机制(Motivate Mechanism)是通过一套理性化的制度来反映激励主体与激励客体相互作用的方式。激励原理被认为是微观经济学的七大核心原理之一。激励原理是指“当一项行动的收益上升时,人们(企业、社会)更可能采取这一行动,如果该行动的成本上升,则采取它的可能性变小”。

美国哈佛大学的威廉·詹姆士教授在对职工的激励的研究中发现，按时计酬的职工仅能发挥其能力的20%~30%，而如果受到充分的激励，则职工的能力可以发挥到80%~90%，其中50%~60%的差距系激励工作所致。

激励是与动机连在一起的。动机是指诱发、活跃、推动并引导行为指向一定目标的心理过程。激励是指影响人们的内在需求或动机，从而加强、引导和维持行为的活动或过程。可将激励方式分为三种：第一，物质性激励。物质性激励所产生的激励作用是边际递减的。第二，精神性激励，一般而言，需要层次更高的人更乐意接受精神激励。第三，竞争性激励。

人是通过横向比较、纵向比较来评估激励效果的。激励机制将获得被激励人的正反馈与负反馈。人对激励机制的反馈为企业与社会提供了刺激人进行创意的“抓手”。但是，激励机制的效果分为助长作用、致弱作用两种情况。这需要创意企业及政府设计一套制度，来强化激励的助长作用，减弱甚至规避致弱作用。

万众创新，需要制度和环境的激励。激励是激发创意的良药。

管理大师德鲁克认为，每一个组织都需要三个方面的绩效：直接的成果、价值的实现和未来的人力发展。科学的激励制度含有一种竞争精神，它的运行能够创造出一种良性的竞争环境，进而形成良性的竞争机制。麦格雷戈说：“个人与个人之间的竞争，才是激励的主要来源之一。”

创意人是劳动者中的“脑力劳动者”，他们掌握着特殊的技能，投入知识、智慧、创意，而输出的创意成果往往是稀缺的产品与商品。

人的创意动力来源于组织激励、社会激励、市场激励。企业的创意动力主要来源于市场激励。政府与社会的制度设计，首先是要确保“创意”能转化为公平交易的“商品”，确保创意的产品化、商品化，即要确保创意的知识产权化。其次，制度要确保商品的“创意”得到法制的保障，对侵犯知识产权的行为给予相应的处罚与制裁，确保社会公平，同时给予创意人更有力的激励。

## 三、社交促进创意

威廉·麦克尼尔（William Hardy McNeill）在《神话历史》（*Mythistory*）一书中提出：“整个人类是存在某种共性的。”

《起源：万物大历史》（*Origin Story: A Big History of Everything*）是大卫·克里斯蒂安（David Christian）于2018年5月出版的新作，这本书从138亿年前宇宙诞生讲起，对万事万物的发展历史进行一种整体性解释。

大历史打破人类中心的时间尺度，用宇宙时间尺度来研究宇宙、地球、生物、人类及其相互关系，关照未来，打通时间线。

科学技术与文化创造是人类独有的历史。但是我们也要看到，宇宙的起源以及宇宙运行的规律，既是人类科学探究的对象，也是对人类的制约。

历史学家考证，距今 600 万～700 万年前，人类共同的祖先人猿开始出现。双足直立行走是人类跨越的一大步。但是至今还不知道人猿为什么会跨出这一步。一个假设是环境变化，猿人从森林到草原，攀缘能力退化，逐渐进化出双手，最终学会制造工具。这是由环境改变引起的，符合达尔文进化论的观点。

猿人开始直立行走的结果是改变了生理结构，其中一个最大的影响是改变了脑容量。大猩猩的脑容量大约为 300～450 立方厘米，而现代人的脑容量平均已经达到 1 350 立方厘米。

“社交”也推动了人类的进化，与现代人一样，社会交往意味着有更多的朋友，能获得更多的食物和与异性交配机会。

社交促进人类进化，这是一个伟大的发现。

学者提出一个词语叫“社会计算（social calculation）”，他们认为大脑结构中有很多神经元被用于社会计算。脑容量的增加使人猿更容易在大的群体中生活。

再讲讲火的使用对人类进步的影响。人类用火制作出熟食，熟食有助于牙齿咀嚼食物，也有利于消化系统的消化和吸收，这样节省出新陈代谢的能量供给大脑，进一步促进大脑的发育和进化。

大约 80 万年前，直立人开始学会管控和使用火；大约 40 万年前，直立人普遍使用火；约 20 万～30 万年前，出现了智人。

火的使用使人类人口增加，也间接促进了语言的出现。人通过语言的代代相传，最终战胜其他猿类，成为具有知识共享和社群创造能力的现代人。

所以,人类进步的两条线:一是能量的采集与利用。二是信息和知识的发现、获取、整理、传播、分享。二者相辅相成,共同促进了科学技术的进步。

为什么全人类都认可中国的“四大发明”,是因为印刷术加速了人类知识的复制、传播和传承,指南针开启了大航海时代,最终是促进了文明之间的交流与融合。

为什么互联网那么重要?因为互联网超越印刷术,实现了信息技术的数字化编码、数字化存储、数字化传播、数字化查询,分散在全球各地的人们可以随时进行知识沟通、知识分享、知识创造。

互联网时代还没有达到“高峰期”,随着新的网络知识的再创造和再发明,人类会进入一个新的纪元!

有趣的是,英国人类学家罗宾·邓巴(Robin Dunber)研究认为,我们祖先在进化过程中,可接受的最大的群体成员规模是150人左右,群体规模再大,就会出现分类。所以,人类的祖先从非洲大陆出发,经过漫长而缓慢的迁徙,最终在各个大洲开辟了家园。现代人认识的人成千上万,是不是就突破了祖先的这一个极限呢?但愿如此!这样人类就可以再进化到一个新阶段。

所以,不要拒绝社交,因为社交可以改变我们的大脑,促进我们的进化!

社交推进了艺术的创造。这是大历史考古的发现。在社交过程中,在聚会现场,古人类通过讲故事来传递信息、分享知识、共享经验，并交换礼物促进友好，展示各种舞蹈，形成各种仪式，创造各种民俗。

随着科学技术的进步，人类出现了更多的闲暇时间，这样人类的社交频次和时间都显著增加了，进一步加快了知识分享与文化艺术创造的速度。

## 四、技术进步

人类对能源的掌控，对资源的开发，导致人口和社群的增多，最终促进了人类文明进步，这是一种正反馈。

与此同时，人口的进一步增长，导致对能源和资源的需要增多，造成社群掌控范围内的能源和资源的短缺。

人类第一次群体性的发明创造就是农业技术的发明。农业实现了对植物和动物的驯化，人类社群开始定居。定居的生活模式使人类创造房屋、工具，可以创造文化和艺术，同时进一步拿出更多闲暇的时间来促进知识的共享。

农业技术的发展，大大地促进了全球人口的增长。但人口的增长与战争、饥荒、瘟疫、死亡直接关联。这样，人类必须在发明生产技术的同时，还要发明防御体系的技术，如环境技术、医药技术、武器技术等。

尤斯图斯·冯·李比希（Justus von Liebig）是德国化学家，被称为“肥料工业之父”，他创立了有机化学，也被称为“有机化学之父”。

他发明了面向实验室的现代教学方法，因为这一创新，他被誉为历史上最伟大的化学教育家之一。他用实验方法证明：植物生长需要碳酸、氨、氧化镁、磷、硝酸以及钾、钠和铁的化合物等物质，他大力提倡用无机肥料来提高收成，推进了人造化肥的发明。

## 五、国之重器

### （一）曼哈顿计划

1939年8月2日，居住在纽约长岛的阿尔伯特·爱因斯坦给白宫的美国总统罗斯福写了一封信。这封信决定了当时人类的命运，对当今世界产生了巨大的影响。

信的具体内容如下：

总统先生：

通过和E.弗尔米、I.西拉德进行关于研究草稿的交流，最近的工作使我相信在不久的将来，铀元素将成为一种新型的重要的能源。由此引起的许多问题需要我们提高警觉性，假如有必要的话，政府部门应当采取迅速的行动。因此我相信我有责任提醒您关注以下的事实和建议。

在过去的四个月里，通过约里奥在法国的工作，以及弗尔米和西拉德在美国进行的工作，使用大量的铀来建立核链式反应堆，从而产生巨大的能量和大量的新型类镭元素已成为可能。

现在基本可以确定这将在不久的将来实现。

这种新的现象将引导着炸弹的构造，并且这是有可能的——尽管还不是那么确定——威力十分巨大的炸弹将因此而可能被制造出来。这样一颗单个的炸弹，用船运载，并在港口爆炸，将可能摧毁整个港口以及周围的环境。然而，这样的炸弹对于空中运输可能显得太过于沉重。

美国只有很少量适合使用的铀矿石。有一些好的矿石在加拿大和捷克斯洛伐克，但最好的铀资源还是在刚果。

基于这样的情况你也许会认为在美国建造链式反应堆的物理学家和行政部门保持永久的关系是有必要的。对于你而言实现这样的可能的方式就是，将这一任务委托给一个你信任的人，而他将以一个非官方的身份进行工作。他的任务也许包括以下内容：

1. 接近政府部门，熟悉未来的发展情况，并且给政府的工作提出建议，特别是关注为美国获取铀矿的供应。

2. 通过提供资金加速实验活动，解决目前由预算有限的大学实验室来进行的问题。假如已经有资金，则通过和愿意为这一事业奉献的个人联系，或者是和具有必要设备的公司实验室进行合作。

我了解到德国实际上已经停止了捷克斯洛伐克矿山的铀交易，并对其进行了接管。它已经采取这样早的行动是可以理解的。根据德国副国务卿的儿子魏茨泽克，供职于柏林恺撒—威廉研究会，而在那里美国关于铀的活动一直在重复着。

你真诚的，

阿尔伯特·爱因斯坦

1937年2月，纳粹德国开始执行了“铀计划”。1941年末，珍珠港事件后，美国参加了第二次世界大战，与纳粹德国宣战。

1941年12月6日，美国正式制定了代号为“曼哈顿”的绝密计划。罗斯福总统赋予这一计划以“高于一切行动的特别优先权”。

曼哈顿计划集中了当时西方国家（除纳粹德国外）最优秀的核科学家，10万多人参加，历时3年，耗资20亿美元，于1945年7月16日成功地进行了世界上第一次核爆炸，并按计划制造出两颗实用的原子弹。整个工程取得圆满成功。

**（二）阿波罗计划**

1960年11月，约翰·肯尼迪入主白宫，成为美国的第35任总统，他早在竞选时就向选民承诺，要使美国在太空探索和导弹防御上全面超越苏联。

1961年4月12日，苏联宇航员尤里·加加林搭乘东方1号飞船升空，成为第一个进入太空的人。这一壮举大大地刺激了美国，更加深了美国人民对在太空竞赛中落后的恐惧。

1961年5月25日，肯尼迪在一次演讲中向美国国会提出，要在20世纪60年代结束前将美国宇航员送上月球。这就是著名的“阿波罗计划”（Apollo program），又称阿波罗工程。

阿波罗计划始于 1961 年 5 月，至 1972 年 12 月结束，历时约 11 年，耗资 255 亿美元。该计划影响深远，使人类至今受益。

**（三）中国的“三线建设”**

历史同样不应该忘记 20 世纪五六十年代中国的“三线建设”。

1956 年之后，中苏由于在意识形态等方面发生了很大分歧，苏联单方面撕毁合同、撤走专家。中苏两国的边境线上，出现了空前的紧张局势。

同时，美国第七舰队公然进入中国台湾海峡，并在西太平洋地区建立军事基地，对我国东、南部形成一个半圆形的包围圈。当时，周边地区部分国家也对中国持敌对态度。

中共中央和毛泽东主席于 20 世纪 60 年代中期作出的一项重大战略决策——“三线建设”。其目的是加强战备，逐步改变我国生产力布局。

所谓“三线”：一线地区指位于沿边沿海的前线地区；二线地区指一线地区与京广铁路之间的安徽、江西及河北、河南、湖北、湖南四省的东半部；三线地区指长城以南 、广东韶关以北、京广铁路以西、甘肃乌鞘岭以东的广大地区，主要包括四川（含重庆）、贵州、云南、陕西、甘肃、宁夏、青海等省区以及山西、河北、河南、湖南、湖北、广西、广东等省区的部分地区，其中西南的川、贵、云和西北的陕、甘、宁、青俗称为“大三线”，一、二线地区的腹地俗称为“小三线”。

在 1964 年至 1980 年 16 年中，国家在属于三线地区投入了超过 2 000 亿元巨资。无数工人、干部、知识分子、解放军官兵，用艰辛、血汗和生命,建起了 1 100 多个大中型工矿企业、科研单位和大专院校。

## 六、知识产权

《建立世界知识产权组织公约》第 2 条第 8 项规定,知识产权包括下列有关的产权:“文学、艺术和科学著作或作品;表演艺术家的演出、唱片或录音片或广播;人类经过努力在各个领域的发明;科学发现;工业品外观设计;商标、服务标志和商号名称及标识;以及所有其他在工业、科学、文学或艺术领域中的智能活动产生的产权。”

专利法、版权制度等知识产权制度有力地推进了发明创造,推进了创意经济的腾飞发展。早在 1624 年,英国议会就通过专利法,当时称“垄断法”。法案规定,第一发明人对其新发明拥有正当的财产权利。18 世纪,英国兴起技术革新和产业重组的浪潮。工业革命由此展开,不仅在空间上逐渐扩散,而且波澜起伏、连续不断。工业革命造成了人类社会的大转型,改变了整个世界。

世界知识产权制度体系的建立经历了一个复杂的过程。1883 年的《保护工业产权巴黎公约》提出了关于“工业产权”的规定:“工业产权保护的对象有专利、实用新型、工业品外观设计、商标、服务标志、厂商名称、产地标志或原产地名称和制止不正当竞争。”

随着人类科学技术的进步,知识产权的范围也逐渐扩大。目前,受保护对象又增加了版面设计、计算机软件、专有技术、集成电路等,而且还在增加。所以知识产权现在是一个尚在扩大中的一类权利的总称。

1893 年，据《保护工业产权巴黎公约》成立的国际局与据《保护文学艺术作品伯尔尼公约》成立的国际局联合起来，组成了国际知识产权保护联合局。1967 年，在斯德哥尔摩成立了世界知识产权组织。1974 年，世界知识产权组织成为联合国专门机构之一。它的宗旨是通过国际合作与其他国际组织进行协作，以促进在全世界范围内保护知识产权，以及保证各知识产权同盟间的行政合作。

创意是一个过程，往往始于一个思想或概念，将创意转化为一个新产品并投向市场的全过程比较长，为此，创意的知识产权化难度很大。合理的知识产权保护，可以促进创新性的技术、富有经济价值的创意通向成功的市场，为科技创新与创意者带来可保障的利益，从而产生最刚性的激励作用。

# 第六章 | 创造力共生

能够令文化实现伟大复兴的唯一重要的变化,是对思想、观念和信仰产生影响的变化。

——古斯塔夫·勒庞(Gustave Le Bon)

说到群体效应,必须看到蚂蚁和蜜蜂这两个最具有“群体精神”的小可爱。

科学家曾经在巴西境内挖掘出一个可以生存数百万只蚂蚁的巨大蚁穴,他们朝蚁窝灌入 4 吨水泥,挖出 10 吨泥土,才得以显现出蚁穴的部分结构。蚁穴有大量的大道、小径,科学家认为这应该是世界上最大的蚂蚁巢穴之一。蚂蚁依靠群体协作、群体智慧,建造了这一地下迷宫。

蜜蜂是一种社会性昆虫,群居生活。蜜蜂群体中的成员分为三级:蜂王、工蜂和雄蜂。蜂王是发育完全的雌体蜂,她在蜂群中只有一个职能:产卵繁殖后代。雄蜂为数不多,是由未受精卵发育而成的，雄蜂只负责与蜂王交配繁殖。蜜蜂群体中数量最多的是工蜂，工蜂与蜂王一样是由受精卵发育而成的雌性蜂，只是发育不完全。工蜂也产卵，但工蜂的卵只能发育成为雄蜂。工蜂是蜂巢内外一切繁重劳动的承担者，分段承担采蜜、酿蜜、采粉，哺育幼蜂、饲喂蜂王、筑巢、保卫和清理蜂巢等工作。

人，属于群居动物。由于人的群体性，人类产生了家庭、社会等组织单元。由于人的群居特性，人类形成了群体心理，产生了民族精神，以及国家意志。

古斯塔夫·勒庞是法国著名的社会心理学家、社会学家，以其对于群体心理的研究而享誉世界。勒庞的《乌合之众：大众心理研究》一书流传广泛。勒庞认为，能够令文化实现伟大复兴的唯一重要的变化，是对思想、观念和信仰产生影响的变化。他认为，人类的思维转型基础存在两个基本的因素：第一个因素是宗教、政治和社会信仰的破坏，而我们文明当中的所有因素都植根于此；第二个因素是通过现代科学和工业的探索发现，创造了全新的存在和思维条件。

在勒庞看来，"民族的精神"或"种族的灵魂"是整个社会生活的基础。一个民族、种族或一种文明都具有民族的精神，即共同的感情、利益和思维方式。国家精神是从人们心中无形的民族精神的非理性途径中产生的，并支配了一切社会制度的形式。他认为欧洲社会日益增长的特征是"群众的聚合物"。

## 一、诗意群居

马丁·海德格尔(Martin Heidegger),德国哲学家,是存在主义哲学的创始人和主要代表之一。海德格尔有一句名言"人要诗意地栖居在大地上",流传久远。

从创造力形成的角度看,人更是诗意地"群居"在大地上。

印度哲学家吉杜·克里希那穆提(Jiddu Krishnamurti)认为,人们读书、娱乐、交友、恋爱、结婚、工作都是为了分心。分什么心?分孤独的心,怕自己无事可干而感觉到孤独,怕由孤独感引发莫名的焦虑、恐慌与不安。

人的群居会引发群体效应。群体效应是指个体形成群体之后,通过群体对个体约束和指导、群体中个体之间的作用,使群体中的一群人,在心理和行为上发生一系列的变化。一个工作群体,既可以产生 1+1 大于 2 的工作成果,也可以产生 1+1 小于 1 的工作成果。群体对成员的行为也会产生制约、影响和改变的作用。群体对成员的影响和改变作用概括起来有五种效应:社会助长效应、社会致弱效应、社会惰化效应、社会趋同效应、从众效应。

人在空间上的集聚形成社区(或集聚地)。社区是指在地域上相近、具有价值观念一致、关系密切的社会群体。社会学家给社区下出的定义有 140 多种。现代意义的社区概念,最早出现在工业化、城市化发育较早的西方社会。1871 年英国学者梅因出版的《东西方村落社区》一书，首先使用了社区这个名称。20 世纪 30 年代初，费孝通等学者在系统介绍和引入西方社会学经典著作时，把英文 Community 译成中文“社区”。

1983 年，彼得·罗素（Peter Russell）出版的《地球脑的觉醒》（*The Global Brain Awakens*）一书引发了对“全球脑”的研究。全球脑是指一个关于分享人类知识，所有人类智力的思想、创新和发明的总和的概念。根据霍华德·布洛姆《全球脑：从大爆炸到 21 世纪，大规模精神的演化》一书的介绍，大概在 38.5 亿年前，在生命首先在这个行星上演化之后，全球脑立刻诞生了。H. G. 威尔斯还描写了一个网络孕育出的“世界脑”（world brain）。

我们是不是可以假设，人类从海洋出发，进化为非洲类人猿，而后最早的人类从非洲出发，奔赴各大陆，产生了哲学、宗教这些成果？当人类网络足够发达时，结合人工智能智慧，人类全球脑的能量真的难以想象。

## 二、创意空间

很多产业链上下游的企业，或者处于类似产业环节的企业集聚在某些地理空间中，便有了集聚现象（产业集群），产生了集聚效应。

产业集群（Industry Cluster）亦称“产业簇群”，是指某一行业内的竞争性企业以及与这些企业互动关联的合作企业、专业化供应商、服务供应商、相关产业厂商和相关机构（如大学、科研机构、制定标准的机构、产业公会等）聚集在某特定地域的现象。1990 年，波特在《国家竞争优势》一书中提出产业集群概念并详加论述。产业集群有助于相互竞争的企业提高竞争力，对特定产业的发展和国家竞争力的增强有重要作用。

集聚效应是一种常见的经济现象，如产业的集聚效应，最典型的例子当数美国硅谷，聚集了几十家全球 IT 巨头和数不清的中小型高科技公司。国内的例子也不少见，在浙江，诸如小家电制造、制鞋、制衣、制扣、打火机制造等行业都各自聚集在特定的地区，形成一种地区集中化的制造业布局。

### （一）创意微空间

一想到创意微空间，我们马上会想到了一个吸引人的名字：星巴克（Starbucks）。咖啡吧、茶厅客舍、大厅会客室，都是人们交流创意的空间形态。

霍华德·舒尔茨（Howard Schultz）是现代星巴克公司的创始人。舒尔茨于 1952 年 7 月 19 日出生于美国纽约。他在去意大利考察的时候，突发奇想，要把意大利现磨咖啡“移植到”美国，后来打造了全球最大的现磨咖啡集团——星巴克。

霍华德·舒尔茨，出生在一个贫民区的犹太人家庭，在纽约布鲁克林区长大。他与家人挤在一个狭窄的小公寓里，与兄弟姐妹分享着一张小床，屋外地面肮脏不堪，飞往肯尼迪机场的飞机在上空无情地吼叫。这里除了犹太人外，还居住着来自意大利、爱尔兰和非洲的移民。

舒尔茨1982年成为星巴克的市场部和零售部经理，1986年离开星巴克开设了自己的第一家咖啡店，1987年召集了一批投资者买下星巴克公司，1992年，实现星巴克在美国上市。2006年，舒尔茨跻身《福布斯》“400富豪榜”，身家在10亿美元以上。

星巴克能把一种世界上古老的饮品发展到形成与众不同的、持久的、有高附加值的品牌，与其刚开始创业时坚守的“体验文化”和独特的营销手段分不开。星巴克轻松、温馨的气氛是星巴克制胜的不二法宝。星巴克咖啡馆渲染的氛围是一种崇尚知识、尊重人本位、带有一点“小资”情调的文化。在星巴克咖啡馆里，强调的不再是咖啡。星巴克利用尽量舒适的环境，促进人际沟通，形成一个人脉拓展与知识分享的空间。

### （二）创意社区

研究人员观察到一种现象，创意人群与居住空间存在互动关系。

首先是主动模式。一方面，创意人群具有不同的居住环境诉求，他们也具有与其他人群不同的生活方式，创意人群希望能从居住的环境中获得某些方面的满足。另一方面，一旦创意人群向一定的居住空间集聚，社区将在服务设施、文化设施等方面予以配套支持，形成互动关系。

其次是被动模式。第一，是将分散的创意人群集聚，发挥创意的集聚效应，从而为创意产业化提供重组的创意资源。例如创意产业园区建设中采取“筑巢引凤”的模式吸引创意人才的集聚，就是如此。第二，是在企业并购过程中要进行创意人才的整合，也会促进创意人才在新的组织形态中的整合。

创意人群的整合目标是发挥空间集聚的综合效应。创意人群的集聚分为自发集聚与被动集聚。创业者通过一定的社会网络集聚，一起发展创意产业，这是自发的，也是创意产业良性发展的模式。也有通过政府的力量、企业兼并等手段将创意人才聚集起来，进行集中创意活动的情况，这属于创意人群的被动集聚。这往往是为了完成某些重大项目，发生在产业链整合的过程中。

### （三）创意城市

查尔斯·兰德（Charles Landry）所著《创意城市：都市创新的工具书》（*The Creative City: A Toolkit for Urban Innovations*）提出了打造创意城市的思维方法、操作流程、注意事项，也列举了大量的实际案例。查尔斯·兰德认为，城市的继续成长，需要充满活力的管理者与市民共同创造，对可行的创意方案进行沟通，创造财富与创意的平台，最终让城市脱胎换骨。

出生于瑞士的怪才科学家马克斯·克莱伯（Max Kleiber）研究得出一条定律："生物体的新陈代谢率与其体重的1/4次幂呈反比。"理论物理学家杰弗里·韦斯特（Geoffrey West）拿这条生物学的原理来考察城市的创造力，发现了创新城市的一个现象：如果一座城市比另外一座城市大9倍，那么这座城市的创意能力则不是高出9倍，而是高出16倍；而如果一座国际大都市的规模是一个小镇的50倍时，它的创意能量则约是小镇的130倍。

霍斯珀斯认为集中性（concentration）、多样性（diversity）和非稳定状态（instabilty）三个要素能增加创意城市形成的机会。集中度能够带来人们信息交流和社会交互所必需的集聚效应，使得创意的可能性大大增加。多样性不仅仅是城市居民的个体差异，还包括他们不同的知识、技能行为方式，甚至扩展到城市不同的意象和建筑。多样性能够带来动力，使城市生活更加繁荣，是创意城市产生的丰厚土壤。非稳定性则促进多种类型人群的流动，促进信息、文化与创意的交汇。

G. 恩黑则从动态的角度提出：知识产权保护机制、富有活力的创意人才群体、宽广的信息交流平台以及完备的风险投资体系，是创意产业发展必要的四大要素。斯科特认为生产者的网络化所形成的经济集聚、地方劳动力市场的多样性、创造性领域的发展是城市发展创意产业的重要条件。赫顿论证了不同的创意产业需要不同的城市区位，这在一定程度上证明了确实存在一些因素会影响创意产业在城市中的发展。

创意产业的集聚遵循产业集聚的一般规律，创意企业的集聚与所在区域的经济发展情况、文化与生态环境紧密相关。创意企业的集聚主导因素是创意人才。为此，创意人才的集聚所形成的生活圈，与创意企业的集聚具有互动共生的作用。

既然创意社群有这么多好处，我们是不是可以采取措施来促进其形成呢？创意社群的形成面临很多制约因素。

一是城市社区建设进度的制约。中华人民共和国成立以来，一直高度强化纵向的行政管理，国家行政权力主导着人们的经济生活、政治生活、文化生活等多个方面。这种支配作用通过“单位制”来实现,“单位”形成了“小社会”。“单位人”对自己的居住地始终无法形成社区归属感和社区意识。随着我国城市化的最新进程,原来按照“单位”为“块”的居住区模式已经逐步被打破,亟待强化新的社区管理模式。与城市建设、发展的进程相比,我国社区建设相对滞后。在现代城市中,同一居民小区的居民交往甚少,难以参与一致的社区活动,社区建设的障碍很大。

二是房地产开发模式的制约。近年的城市建设中,房地产的市场化,直接导致居住空间分异现象的形成。也就是房价成为居民集聚居住的“门槛”。根据城市居住小区房产价格,自然形成按照一定收入结构“聚合”而成的居民区。这些小区的居民之间不是依靠相互之间的联系而集聚,最终住户与住户之间缺乏沟通,导致居住小区难以形成有机的“社区”,这直接减少了社区创意人群互动的机会,造成社会创意总量与机会的减少。

三是创意人群分布本身不平衡。在美国,处于同一阶层的劳动人群拥有基本一致的收入水平。在我国,不同行业的劳动人群收入差距较大,即使处于同一行业,由于处于不同企业,收入也是千差万别。为此,在城市居住区选择过程中,很难按照收入结构自然形成同一收入人群的居住集聚区。在美国创意阶层的形成过程中,自然分化出一批富有专业特色的创意社区。但是,在我国,创意人群集聚的现象尚不明显。

地域集聚性是产业集群的空间特征,也是创意产业的典型特征。

各国、各地区的创意企业无不因为空间上的集中而显示出独特的优势。

美国旧金山硅谷拥有500强企业中的17家高科技企业。西雅图拥有超过2 000家软件公司，超过500家环保机构。好莱坞与其周边的伯班克等市共同构成了美国影视工业的中心集聚区。纽约创意产业从业人数已近30万人，与艺术相关的创意实体超过4.5万个。

从地理分布看，加拿大约70%的软件企业在安大略省、魁北克省。

2000年，爱尔兰软件出口额超过85亿美元。目前在欧洲市场上，约43%的计算机、60%的配套软件都是在爱尔兰生产的。从20世纪90年代以来，爱尔兰软件业一直保持着近20%的年增长率。

巴黎聚集了法国约55%的设计公司，提供了全国约76%创意设计工作岗位。

意大利现在已经形成了艺术品、电影、设计、服装、手工艺品、汽车等创意产业体系，亚平宁半岛的北部是时尚、服装产业的集聚区。

日本筑波高科技园区集中了数十个高级研究机构和两所大学。筑波城南的电子技术综合研究所是日本研究开发电子技术的最大基地。

印度班加罗尔有250多家高科技跨国公司和60多家世界500强企业的分支机构，班加罗尔是印度“硅谷”，印度35%的IT人才都在班加罗尔工作。

韩国首尔数字内容产业企业有25 000多家，申请的有关专利约占该领域专利的48%。首尔的信息和通信产业就业人数约占首尔总劳动力的4.1%,有7 000多家企业。时尚设计业是首尔的重点产业。

台湾新竹科学园区从1980年12月15日成立至今,约有近400家高科技厂商进驻,主要产业包括有半导体业、电脑业、通信业、光电业、精密机械产业与生物技术产业。新竹科学园区是全球半导体制造业最密集的地方之一,目前约有12万人在园区工作。

英国以创意立国战略打造创意产业集群取得了显著成效。英国是历史上的老牌工业国,近年,英国的创意产业发展迅猛,从而逐步改变了经济增长模式。英国的创意集群主要分布在首都伦敦。2003年2月,伦敦市长提出伦敦市的文化战略目标是维护和增强伦敦作为“世界卓越的创意和文化中心”的声誉,成为世界级文化城市,提出了发展“创意城市”的理念。伦敦创意产业已经成为仅次于金融与商业服务业的第二大产业,每年的产值均超过210亿英镑,解决了50多万伦敦人的就业问题。

德国现有超过300个科技园和孵化器,其中最典型的是慕尼黑高科技工业园区和海德堡科技园区。慕尼黑高科技工业园区创建于1984年,现在集聚了激光技术、纳米技术、生物技术等核心技术产业。海德堡科技园区创立于1985年,发展了生物技术、生物信息学、医药技术、环境技术等核心技术产业。园区为创新公司、高科技公司提供非常灵活实用的实验室、办公空间和管理服务,与欧洲分子生物实验室、德国癌症研究中心、海德堡大学高分子生物学中心、诺尔公司、岁切医疗公司、莱茵杂克生物科学研发三角地区相互联动促进。

## 三、创意模型

创意产业集群的要素可以分解为如下一些“模块”。

创意核。任何创意产业集群的“原始细胞”必然是一个个具有原生的“创意”，如点子、配方、新商业模式、新技术等。这些创意只是一个个分散的“基因”种子，散布在一定的空间之内。正如前述，这些创意来源于个人，或者来源于高等院校、科研院所、专业设计机构、创意企业等。这些孕育创意的社区和机构、组织，类似一个一个创意的“摇篮”。

孵化器（Incubator）。孵化器在中国也称之为创业中心（Innovation Center），是一种新型的社会经济组织。美国认为，孵化器是经济发展的一项工具，它围绕初创科技企业的需求，提供商业资源与服务，以推动科技企业创业成功。英国认为，孵化器是为创业者提供创业初期的指导与支持，以加速创业成功的组织。欧盟认为，科技企业孵化器是公共或私人研究团体向初创型企业提供基础性支持服务的平台，孵化器通常同时提供物理空间和商业支持服务，以加速形成新的知识型企业。

孵化器于20世纪50年代发源于美国。它通过提供研发、生产、经营的场地，通信、网络与办公等方面的共享设施，系统的培训和咨询，政策、融资、法律和市场推广等方面的支持，降低创业企业的创业风险和创业成本，提高企业的成功率。美国企业孵化器的第一个雏形于 1959 年在纽约诞生。20 世纪 80 年代初期,美国的企业孵化器出现了加速发展的势头,到 90 年代初美国已经建立了各类孵化器 450 家。进入 21 世纪,美国有 1 000 多家孵化器。欧盟国家有 300 多家孵化器,数量位居美国之后,居世界第二。

1987 年 6 月,我国第一家科技企业孵化器——武汉东湖新技术创业者中心在武汉成立。1988 年 8 月,经国务院批准,“火炬计划”正式实施,科技企业孵化器工作被列为火炬计划重要内容之一。经过 20 多年的实践,我国已经有 600 多家孵化器。

天使投资(Angel Invest),指个人出资,协助具有专门技术或独特概念而缺少自有资金的创业家进行创业,一并承担创业中的高风险和享受创业成功后的高收益。天使投资也可以说是自由投资者或非正式风险投资机构对原创项目构思或小型初创企业进行的一次性的前期投资。

风险投资(venture capital,简称 VC),也指创业投资。广义的风险投资泛指一切具有高风险、高潜在收益的投资。狭义的风险投资是指以高新技术为基础,生产与经营技术密集型产品的投资。根据美国全美风险投资协会的定义,风险投资是由职业金融家投入到新兴的、迅速发展的、具有巨大竞争潜力的企业中的一种权益资本。

战略投资者,是指具有资金、技术、管理、市场、人才优势,能够促进产业结构升级,增强企业核心竞争力和创新能力,拓展企业产品市场占有率,致力于长期投资合作,谋求获得长期利益回报和企业可持续发展的境内外大企业、大集团。

政府资助的是具有共性的技术或者基础性技术，或者投资于非物质文化资产的保护与开发。

社会网络(Social Networking)，是指人与人之间的关系网络。社会网络的理论基础源于六度分隔理论(Six Degrees of Separation)和150法则(Rule of 150)。创意产业集群的社会网络是指创意产业集群中创意人群因为一定的社会关系(例如同学、师生、亲戚、朋友等)，志同道合地走到了一起，合作进入某个创意产业。这种社会网络基于信任关系和人际交往，有利于促进创意新思想的碰撞，并逐步优化创意思路，促进创意的产品化。借助这些社会网络，创意产业获得更好的市场拓展。美国学者萨克森宁提出，硅谷成功的真正奥秘，是因为硅谷有了一个良好的有利于创新、有利于人才成长的文化生态环境和创业社会网络。

六度分隔理论是哈佛大学心理学教授米尔格伦(Stanley Milgram)于1967年提出的，其原理简单地说就是："你和任何一个陌生人之间所间隔的人不会超过六个。"150法则认为："一般人可以与之保持社交关系的人数的最大值是150人。"

文化由人类物质实践和精神实践两方面活动而产生，涉及物质实践和精神实践两个领域。可将文化的外延划分为认知文化、规范文化、物态文化。文化环境就是由认知文化、规范文化、物态文化形成的总体氛围和格局。创意的文化环境分为外部环境和内部环境两个层面的含义。美国经济学家理查德·弗罗里达提出过创意经济发展的3T原则，认为Technology(技术)、Talent(人才)、Tolerance(容忍）是促进创意经济发展的“三驾马车”。其中强调宽容的文化环境是发展创意产业的外部环境条件。企业、团队内部环境、文化氛围、人际关系、文化引导等，属于文化创意的内部环境。

政策环境因素。包括：政府对知识产权的法律、法规立法的情况、执法情况，是否确保市场主体平等的法律地位，是否具备公平的产业链利益分配规则；为了扶持和鼓励创意产业的发展，政府往往从税收、财政、市场运转、投资机制等各个方面给予政策支持；是否存在制约知识流动的滞后的政策。

创意集群的形成条件还包括区域外的市场条件、外界环境等。例如国际市场状况，甚至国际政治、经济形势，都会影响到一个创意集聚区的发展。此外，国际贸易规则也会对创意企业产生影响。

全球大型创意产业园区的各个元素并非是机械、无序地“搭建”起来的，而是创意产业各因素相互作用，从而形成的一个严密组织结构。创意园区组织结构的运行机理如下：

第一，创意人、创意企业、区域政府是这个结构中的核心主体，三个主体在一定的运行机制下相互作用，相互影响。成功的创意产业园区均是三个主体相互协同、发挥正向效应的作用。创意企业为创意人提供良好的就业机会与环境，并提供高于企业行业的薪酬待遇、发展机会。政府为企业提供了良好的基础设施、税收优惠与各种公共服务。政府创造了良好的生态环境、文化环境，为创意人的生活提供了独特的空间。其他非政府组织、中介机构、服务性企业则为创意企业、个人提供了各种恰到好处的便利。

第二，任何创意企业均有孕育、发展、壮大的过程，这个过程充满了各种各样的风险。无论是企业或个人均难以承担创意企业的风险。为此，必然有天使资金、风险资金，给予企业或个人在创意企业成长的各个阶段具备抗风险的能力。同时，一个成熟的企业还需要战略投资者的加入，为企业的长远发展提供支持。

第三，创意产品的交易需要良好的市场。前述大型创意产业园区，无疑本身就是创意产品交易的市场，或具有完备的创意产品销售的渠道。这样，创意企业可以用最低的商务成本解决产品的全球销售的问题。

第四，一个国家的金融与证券政策也是决定创意企业是否能正常发展的重要条件。创意企业风险投资的退出，战略投资者的引入，以及重大的兼并与重组，均要依托有利于企业的政策环境。

创意集群有其内部和外部的自有组织机理。

第一，创意产业集群形成的内动力。

企业集聚的内在动力机制早就被发现。德国经济学家阿尔弗雷德·韦伯(Alfred Webber)在其著作《工业区位论》中论述了产业集聚可以降低企业成本的原理，解释了产业集群形成的动因。20 世纪 80 年代产生的新产业区理论归纳了全球典型的高技术创新区的生成机理，认为决定高新技术产业发展状况的最主要的因素不是物资资本，而是激发人力资本的经济组织结构和文化传统等因素。由法国、意大利、瑞士科学家组成的区域创新环境研究小组(GREMI)认为产业的空间聚集现象与创新活动具有紧密联系。创意企业在空间上呈现明显的空间集聚现象。

为什么会出现创意集群？创意产业在空间上的集聚动因是什么？董树宝研究认为，创意产业集聚作为创意产业领域内相互关联的文化创意企业、专业供应商、服务供应商和相关机构（如大学、行业协会等），依据分工和合作关系形成的地理集中，是因为创意产业与产业集聚存在着一定的共生关系。一方面，创意企业可以充分发挥产业集聚的互惠共生性、知识资源互补性、竞争协同性等优势，降低交易成本，实现规模经济。另一方面，创意产业可以充分发挥区域内文化资源和智力资源，提升区域竞争优势，实现产业价值链的增值，产生产业关联效应，带动周边相关产业，实现创意产业专业化，并尽可能扩大运营范围。

产业价值链原理为创意集群生长提供了理论分析工具。产业价值链（Industrial Value Chain）概念是1985年哈佛商学院迈克尔·波特在《竞争优势》（*Competitive Advantage*）一书中提出的。产业链（Industrial Chain）是各个产业部门之间基于一定的技术经济关联，并依据特定的逻辑关系和时空布局关系客观形成的链条式关联关系，即指某种产品从原料、加工、生产到销售等各个环节的关联。产业链包含价值链、企业链、供需链和空间链四个维度。企业要赢得和维持竞争优势，不仅取决于其内部价值链，而且还取决于产业价值链。产业价值链的各个环节盈利水平存在差异。

最为有名的是PC行业价值链分布呈现的“微笑曲线”，反映出在IT产业，设计研发、品牌与服务具有较高的附加值，制造环节的附加值较低。不同行业具有不同的产业价值链结构。同一产业在不同的发展时期，存在不同的产业价值链结构。消费需求的变化是影响产业价值链形态和结构最主要的因素。价值链引导着产业的分解与整合。在产业价值链中，一个企业的经营活动不仅仅与企业本身价值相关，同时也与产业上下游各个环节的发展程度紧密相关。企业要获得与保持竞争优势，需要强化自身与整个产业价值链的发展与适应程度。企业可以利用产业链整合降低成本，提升竞争优势。价值链整合必须根植于系统化管理，从企业内部来讲，价值链整合是对传统经营方式的革新，对企业管理的创新。

创意产业是以创意为中心，以市场为导向，以知识产权为保障，按照工业标准和商业运作方式进行创作、生产、流通和交换，为消费者提供创意产品和文化服务，最终实现利润最大化的大规模商业活动的产业集合。肖骁认为，创意产业的产业链包括了内容创意、生产制造、营销推广、分销传播、交换消费五个环节，与人力资本、产业资本、文化资本、技术资本四大生产要素共同构成了创意产业价值链系统。创意产业价值链源于创意，并以创意贯穿创意产业的各个环节。创意依靠一定的载体进行转化，形成可供规模生产和复制的创意产品或服务，并通过一定的渠道进行传播或交换，最终为消费者使用或体验。创意产业价值链是创意形态转化的过程，也是价值增值的过程。

创意企业的价值链整合为创意企业解决成本投入与扩大市场规模提供了解决之道。创意产业价值链整合有利于降低从创意到创意产品阶段的成本投入风险。创意总是从某个人、某个团队产生。但是一旦新技术、新创意出现,伴随而至的就是将创意产品化的巨额成本的承担问题。当某项创意被预测是有利可图的时候,一个企业或组织无法承担巨额的创意产业化的成本,那么就可能出现通过行业整合来共同担负某个新创意产业化的成本,从而尽早将创意产品投放市场获得巨额利润。

第二次世界大战后出现的国际创新型企业、新技术垄断型企业的整合已经证实了这一结论。例如,德州仪器、日立、超威半导体、富士、摩托罗拉、东芝等企业。同时,一旦大型企业整合解决了重大创意产业化的固定成本问题,那么还需要巨大的市场规模支撑其盈利。为此,基于全球化市场目标的企业整合也相继出现。

第二,创意集群的社会网络交互机理。

创意企业集聚与技术创新组织一样,集群内部社会关系的网络交互模式影响着集群的能力与水平。在 20 世纪 60 年代,人们多认为技术创新是按照线性规模递进发展的。但是,1986 年,克莱因、罗森伯格等提出了技术创新过程的“回路模型”,罗斯韦尔在 1994 年提出技术创新是一个网络过程,这个过程包括企业之间的纵向供应链关系、横向的合作关系等。创意集群是否与科技创新集群一样具有资源共享性、共生性、本地网络性、竞合激励性等特征呢?胡大立的研究指出,区域创新网络系统是指区域内各创新行为参与者在一定的创新环境下相互合作所形成的促进创新的系统,即区域网络各个结点(如企业、大学、研究机构、政府、金融机构等)在长期的协同创新中而结成的网络,并融入区域的创新环境中而组成的系统。

同时,创意集群的发展需要基于良好的人际网络关系。创意集群要保持区域持续的创新能力与竞争优势,实现区域创新网络的持续创意的功能,关键是发挥组成创新网络的各个节点的主观能动性。而区域人际关系网络的互动机制,是创意人实现个人价值、创意企业提升竞争动力的作用机制。为此,良性的创意企业需要实现社会网络的互动。首先,区域内企业之间务必加强频繁的交往与经常性的交往合作,通过面对面的观察与学习,通过相互学习与模仿,使技术创新比较容易地在集群内扩散。企业之间的合作和交流是企业人际关系的重要体现。其次,为企业提供技术支持和市场服务的大学及科研机构、各类中介组织、金融机构等为产业发展提供服务支持。哪些企业更能接受到外围服务支持？往往是那些能建立并处理良好人际关系网络的企业。具备良好人际关系网络的企业具有更多的机会接纳新知识,获得新创意。

第三,基于虚拟网络的创意组织机理。

从创意集群意义来讲,网络是各种行为主体之间在交换资源、传递资源活动过程中产生联系而建立的各种关系的总和。各类企业通过网络化过程,逐渐形成两类创意产业群：第一类,主要依托地理空间的产业群;第二类,是不依托地理空间而是依托网络形成虚拟的创意产业网络。为此,在全球创意产业园区发展的同时,全球也出现了依托于互联网络的规模巨大的虚拟创意集团。

虚拟企业(Virtual Enterprise)的概念最早由 C. 萨维奇于 1992 年

提出。萨维奇认为还需采用更有效的通信手段,特别是互联网新兴技术的手段,使人力及其他资源能更迅速地组合与分解。虚拟企业既可依托先进的信息技术,不同的企业通过签订电子合同建立合作关系,一个企业内部也可以借助信息网络彼此联系、共同工作。虚拟企业是网络时代的虚拟创意集群,基于地理空间的公司边界得以无限延伸。虚拟产业群(Virtual Industry Clusters)是由具有一定专长的各类企业组成的集合体。虚拟产业群的出现在于互联网时代市场需求多元化、个性化的推动。依托于虚拟网络,现在出现了一大批规模巨大的全球化互联网企业。

维基百科(Wikipedia)是一个基于维基技术的多语言百科全书协作计划,用多种语言编写的网络百科全书。2018 年 12 月,维基百科入围 2018 世界品牌 500 强。维基百科的特点是自由内容、自由编辑。吉米·威尔士与拉里·桑格两人于 2001 年 1 月 13 日在互联网上推出的服务网站是维基百科的前身。截至 2012 年 8 月,整个维基百科计划总共有 285 种独立运作的语言版本,且已被普遍认为是规模最大且最流行的网络百科全书。全世界总共有近 3.65 亿名民众使用维基百科,且维基百科也是全球浏览人数排名第五的网站,同时也是全世界最大的无广告网站。

互联网、云计算、区块链等各方面技术进步,必将进一步催生更多的虚拟化企业。包括依托区块链技术发展起来的虚拟货币等,在未来都是不可估量的。

第四,基于商业模式创新的创意企业整合。

商业模式(Business Model)是一种包含了一系列要素及其关系的概念性工具,用以阐明某个特定实体的商业逻辑。创意模式直接反映了企业所能为客户提供的价值以及企业的内部结构、合作伙伴网络和关系资本(Relationship Capital)等用以实现这一价值并产生可持续盈利收入的要素。商业模式包含价值主张(Value Proposition)、消费者目标群体(Target Customer Segments)、分销渠道(Distribution Channels)、客户关系(Customer Relationships)、价值配置(Value Configurations)、核心能力(Core Capabilities)、合作伙伴网络(Partner Network)、成本结构(Cost Structure)、收入模型(Revenue Model)等要素。

商业模式的创新根源于企业生存与市场竞争。因为创意产业发展模式的雷同,导致某些产品出现严重的同质化,从而创意产品的竞争力减弱,失去优势。产品的差异化战略是解决同质化的一个路径,但是产品最容易被人模仿跟进,同时,产品创新的周期长、成本高。商业模式创新是创意企业生存的重要渠道。基于商业模式的创新给创意产业发展带来了巨大潜力。

以新的方式满足客户需求、改变价值链的关键环节、纵向一体化整合价值链、跨行业整合资源以构成独特的价值链,是商业模式创新的重要路径。消费者的需求结构是动态变化的,当消费者需求结构发生变化时,就为企业创新商业模式创造了可能。跨行业整合资源必然会突破行业既有的限制与竞争规则,改变行业或企业价值链的构成,这也就在商业模式上同竞争对手形成了差异性,最终通过纵向整合价值链或者横向改变价值链的关键环节以形成独特优势。

兰杰·格拉特(Ranjay Gulati)、莫汉比尔·萨赫尼(Mohanbir Sawhney)、安东尼·鲍利(Anthony Paoni)在《未来十年技术和高新技术产业发展趋势》中提出:“技术型产业从景气到破产的摇摆,至少部分原因来源于人们只关注新技术的技术趋势,却极少把焦点集中在技术的商业价值,以及为捕捉这种商业价值所要发展的商业模式。”

我们面对创意经济内部要素、外部环境的千变万化,不能总是做“事后诸葛亮”,我们必须前瞻地把握创意经济商业模式,并将其用于社会实践。

科斯定理解释了企业扎堆的现象。

科斯定理由诺贝尔经济学奖得主罗纳德·H.科斯(Ronald H. Coase)提出。他于1937年和1960年分别发表了《厂商的性质》和《社会成本问题》两篇论文。乔治·史提格勒(George Stigler)称科斯发现的原理为科斯定理。科斯定理是产权经济学研究的基础,其核心内容是关于交易费用的论断。

科斯定理较为通俗的解释是:“在交易费用为零和对产权充分界定并加以实施的条件下,外部性因素不会引起资源的不当配置。因为在此场合,当事人(外部性因素的生产者和消费者)将受一种市场里的驱使去就互惠互利的交易进行谈判,也就是说,是外部性因素内部化。”

史提格勒解释说,如果市场交易成本为零,不管权利初始安排如何,市场机制会自动使资源配置达到帕累托最优。在交易成本大于零的现实世界，一旦考虑到市场交易的成本，合法权利的初始界定以及经济组织形式的选择将会对资源配置效率产生影响。

其实，科斯定律就是说，对产业集聚的企业，相互之间可以理论上降低交易成本。

1966年，美国经济学家施穆克勒在《发明与经济增长》中提出："技术创新来源于受到潜在利益的驱使。"创意企业在利润诱导下的企业组织行为就包括：

企业在利润诱导下，组织企业创意，提升人力资本素质，投入研发成本，创新内部管理提高创意效率。

企业为了追求利润，参与产业集聚，同时参与价值链整合。创意产业价值链具有独特性。目前创意产业价值链整合的显著特征是基于创意人群（创意社区）的整合、基于创新的商业模式的整合。

创意产业的根本是人的集中，因此创意产业的地理边界比较模糊。在互联网时代，产业之间的联络对地理空间的依赖越来越小。

创意产业的空间形成过程以及相互依托、相互影响的关系极其复杂。创意产业组织系统内部主要基于价值链关系、区域创新网络关系和社会关系。这些关系决定了创意产业组织的竞争力和发展潜力。

数字化为消解创意经济鸿沟提供了可能。使那些具有人力资本基础，但是因为传统产业基础不够好的区域，获得了创意经济腾飞的新机遇。最典型的就如20世纪80年代的中国台湾新竹以及印度近30年的软件产业奇迹，证明了创意产业"后发优势"的可能。中国在互联网 2C 浪潮后，再度兴起 2B 产业互联网浪潮，也必将发挥“后发优势”。

创意依赖于区域内部与外部环境，创意的产生与产业化、商品化，需要相应的内部与外部环境。要充分利用好高等院校、国家及区域中心型的科研机构、国家与区域中心型的创意中心、重大的创意项目对区域创意经济的“创意极”作用，并通过构建创新的组织体系，配套促进创意经济发育增长的机制，促进创意产业的空间组织完善。为此，创意经济的发展，必然是企业与政府联动的过程。

把握创意产业价值链规律，通过产业价值链的延伸与完善，将一定区域（甚至全球）的创意资源进行整合，从而实现创意经济增长，可为发展中国家或地区带来新机遇。特别是发展中国家或地区拥有相对优势的人力资源成本和庞大的创意产业消费市场，为启动全球性的创意经济奠定了基础。

我们来看几个案例：

案例一：以色列“创业圣地”特拉维夫

特拉维夫位于以色列的西海岸，人口大约为 40 万，不到以色列总人口的 1/20，却是以色列的经济和科技中心，被誉为“欧洲创新领导者”和“仅次于硅谷的创业圣地”。

1910 年，一些俄国犹太移民在雅法北部的沙丘上建立了一个不大的花园社区，并命名为特拉维夫，意为“春天的沙丘”。而今日，特拉维夫已经成为世界级现代化大都市。

以色列培育了大量的科技初创企业，这些企业的产生一方面源于政府的各类资金支持，另一方面还源于以色列成熟、活跃而庞大的风险资本市场。根据美国中央情报局相关统计，以色列的人均风险投资 2008 年达到 270 多美元，大约是美国的 2.5 倍，英国的 5.5 倍，中国的 50 多倍。2009 年，以色列的初创创新企业达到 3 850 家，大约每 1 844 个以色列人中间就有一个人在创业。

以色列高素质的人才结构，提供了科技创新的基本劳动力保障。同时，全球犹太人的顶尖科学家掌握了各类自然科学和工程学领域的科学前沿，大大促进了以色列与世界的科技交换与信息交换。而犹太人在金融领域的巨大成功，为他们在以色列进行风险投资提供了资本。

特拉维夫的成功经验可以概括为以鼓励创业推动自主科技创新，瞄准全球科技创新的市场需求，专注于创新产品的设计架构。在特拉维夫，18~35 岁中的人口占总人口 33%以上，这些年轻人大多为大学毕业生和外来寻求创业机会的年轻人。特拉维夫市政府提供近乎免费的基础创业咨询服务。只要有一点创业创新想法，都可以通过预约获得政府相关信息的咨询、培训。在年轻人中，创业成为一种时尚行为。特拉维夫拥有以色列 67%的创新种子企业。据估计，仅 2013 年，特拉维夫就有 45 个创新企业被欧美等国家的大公司收购，收购总金额超过 64 亿美元。

特拉维夫保持开放氛围，以一种更加开放的姿态迎接世界各地的人口。特拉维夫市政府会选出最优的团队，给予投资支持，政府一旦注入资本，就将其所有权和使用权彻底交给企业、团队。企业失败,无须返回资本,如果成功,则需逐年返回资本。本地的创新支持环境吸引了微软、谷歌等非常成熟的企业入驻。

案例二:IT 新秀深圳的崛起

是任正非选择了深圳,还是深圳造就了马化腾?这个很绕口的问题,揭示了区域与科技集群的某种神秘规律。

约翰·列侬曾经解释披头士乐队选择美国发展的原因:“在古罗马帝国时期,当时的哲学家和诗人都要去罗马,因为那里是世界的中心,我们今天来纽约,因为这里是世界的中心。”

深圳经济特区于 1980 年 8 月正式成立。40 年间,不同身份的人从五湖四海汇聚而来,成为商人、创业人,把深圳建设成全球著名的 IT 城。据 2019 年的数据,深圳 GDP 超过香港,首次成为华南地区经济总量最大的城市。

1992 年春天,邓小平结束深圳视察,从蛇口码头坐船离开时,他走进船舱又走出来,对着岸上送行的深圳领导连喊了三遍:“你们要搞快一点!”

深圳的特点,就是各种“快”:政府办事快,人才流动快,资金流动快,商务循环快,信息流通快,创新进度快。

1996 年春天,完成土地审批手续的富士康龙华园区开工,4 个月后即落成使用,成为深圳速度的代表之一。从 1995 年到 1999 年,富士康陆续拿下苹果、IBM、惠普、戴尔的订单,电脑机壳的全球市场占有率达到 60%,从而成就了我们今天看到的富士康。

华为的数字交换系统在1995年创造了15亿元的销售额。1996年华为启动内部改革。主管市场的孙亚芳发起一场“再创业”运动，她带领团队的26位办事处主任集体下岗，重新应聘，公司择优录用，华为销售系统由此开始建立。1997年，华为销售额为41亿元，1998年，数值翻番，变成89亿元。任正非后来评价：“如果没有大辞职所带来的对华为公司文化的影响，任何先进的管理体系在华为都无法生根。”2019年，华为销售收入超8 500亿元。

1984年，马化腾随父母从海南迁入深圳。1998年，在华强北赛格科技园那间30多平方米的房子里，张志东曾与马化腾一起畅想：三年后，腾讯的员工将达到18人。腾讯创始人依靠四处兜售OICQ起家。到2020年，腾讯市值达到3.69万亿港元。

案例三：设计之都蒙特利尔

蒙特利尔(Montréal)是加拿大魁北克省的经济中心和主要港口，也是该省面积最大的城市。蒙特利尔人口约410万，面积4 259平方千米，是加拿大面积第二大城市。蒙特利尔是加拿大最重要的经济中心之一，2013年，该市的地区生产总值达到了1 893亿美元，这主要得益于蒙特利尔发达的航空、金融、设计和电影等行业。2006年，蒙特利尔被联合国教科文组织评为“设计之城”。蒙特利尔获此殊荣，有其历史基础和各种条件。

一是蒙特利尔是多元文化集聚地。蒙特利尔的居民几乎来自世界上所有的国家。2016年蒙特利尔的华裔人口为82 665人，约占总人口的5.1%。1608年,著名的法国探险家塞缪尔乘风破浪到北美洲寻找新殖民地时,无意中发现了一件“上帝的礼物”,这就是位于加拿大东部的魁北克省。塞缪尔之后,法国人开始从本土大量移居这个后来成为加拿大最大省份的地方,魁北克也因此成为法国之外世界上最大的法裔聚居区。400多年过去了,如今的魁北克秉承了法国独特而强大的文化,成为除法国之外世界上最大的法国文化中心。

二是蒙特利尔是高等教育集中地。蒙特利尔拥有11所高等教育机构,其中包括4所大学,多家学院以及许多私立和公立学校,这里的人们为其蓬勃兴旺的学术环境感到骄傲。

三是蒙特利尔拥有众多艺术、设计场馆设施。众多举世闻名的博物馆、艺术品画廊和展览中心。众多的剧院、电影院和国际盛事,为戏剧、音乐、舞蹈和电影爱好者提供了终年不断的世界级演出。蒙特利尔已经成为加拿大和全球领先的文化中心。蒙特利尔共有62家电影院,英语、法语和其他语言的电影都有放映,而且几乎每周都有免费电影。该城有被称为艺术圣殿的艺术广场,建于1963年,有现代艺术馆、大剧院、音乐厅和工作室组成的艺术中心,是蒙特利尔为世界各地艺术家提供的展示才华的场所。

四是国际性大型活动的促进。1967年蒙特利尔世界博览会和1976年蒙特利尔奥运会吸引了超过5 000万的游客,这也大大提升了蒙特利尔的国际知名度。

当时间、空间、资本形成良性搭配，就会产生伟大的创造力奇迹。人以群分，物以类聚。深圳为什么孕育了华为和腾讯？以色列为什么拥有世界上的第二硅谷？杭州为什么产生了阿里巴巴？维也纳为什么是世界的音乐中心？答案不言而喻！

# 第七章 | 创造力评估

永远不要低估激励的作用，其重要性怎么强调也不过分。只要激励用得上，就不要用别的东西。

——查理·芒格(Charlie Munger)

查理·芒格(Charlie Munger)是美国投资家沃伦·巴菲特(Warren E. Buffett)的黄金搭档，伯克希尔公司副主席。查理·芒格出生于美国的奥马哈，这位今年已经97岁高寿的老人，在过去的48年里，与巴菲特联手创造了有史以来最优秀的投资纪录，伯克希尔公司股票账面价值以年均20.3%的复合收益率创造了投资神话。在巴菲特和芒格的字典里只有一个关键词：数字！

流沙河在20年前写过一篇短文《数字化人生》。我们一出生就与各种数字分不开了，生日与身份证号码、路牌号、门牌号、邮政编码、公共汽车路线、电话号码、学习成绩、工资薪酬、各种价格牌、手机号码、微信号、股票代码、银行卡号，等等，都是数字。

数字在计量我们学习、工作与生活的轨迹。直到某一天，一个数字停下来，人生就画下休止符。

我们通过 GDP、GNP 等指标来考核国民经济发展情况和国民财富的变化。我们试图用学生的成绩单来考评一位孩子的学习情况。我们通过复杂的模型来评估企业的估值。我们设计各种绩效考评体系来考核企业的各个团队。我们设定了各种职业职称，并制定了职业职称考核标准。毋庸置疑，这个世界需要各种数据化的指标体系来量度我们的各方面业绩和成就。

数字也给我们带来了困惑。各种考试、考核、考评，既是评估芸芸大众的才能与技能的一种手段，同时也误判甚至扼杀了一批与众不同的"天才"。我们在数字漩涡中难以自拔，充满困惑。

## 一、个体与离群

我们来看影响人类进程的几位伟人的故事。

爱因斯坦于 1879 年 3 月 14 日出生于德国乌尔姆市的一个犹太人家庭（父母均为犹太人），1900 年毕业于苏黎世联邦理工学院，入瑞士国籍。1905 年，爱因斯坦获苏黎世大学物理学博士学位，并提出光子假设，成功解释了光电效应，因此获得 1921 年诺贝尔物理学奖。

年少时的爱因斯坦性格孤僻，思维迟缓，学习困难，运动不调，在很多人的眼中，他是一个有点傻傻的甚至痴呆的孩子。为此，他承受了许多人的冷嘲热讽和白眼。一次,在班里的手工课上,老师对他的手工作品进行点评时说,这是世界上最差的手工,没有比它更差的了。但爱因斯坦举手说:“老师,有,还有比它更差的。”于是他从课桌里拿出一堆不成样子的手工作品,引得同学哄堂大笑。

天才在小时候没有被发现,甚至遭到老师同学冷嘲热讽的情况是普遍存在的。因为他们不适应我们为所有孩子审定的考核评估体系,他们是“例外”。

勒内·笛卡儿(Rene Descartes)生于法国,哲学家、数学家、物理学家,解析几何之父,西方现代哲学思想的奠基人之一,是近代唯物论的开拓者,为欧洲的“理性主义”哲学奠定了基础。他于1637年发明了坐标系,创立了解析几何学。笛卡儿《第一哲学的沉思》(又名《形而上学的沉思》《沉思录》)甚为著名,那句“我思故我在”让人记忆深刻。

笛卡儿因从小多病,学校特许他不必受校规的约束,早晨不必到学校上课,可以在床上读书这使他养成了终生沉思的习惯和孤僻的性格。

有一次笛卡儿坐在自己屋前的台阶上,正在凝视着落日后昏暗的地平线。一个过路人走近他的身旁,问道:“喂!聪明人,请问,天上有多少颗星星?”他回答道:“蠢人!谁也不能拥抱那无边无际的东西……”

达尔文于1809年出生在英国。他的祖父和父亲都是当地的医生,家里希望他将来继承祖业。1825年16岁时便被父亲送到爱丁堡大学学医。

达尔文无意学医，他经常到野外采集动植物标本，并对自然历史产生了浓厚的兴趣。父亲认为他“游手好闲”“不务正业”，一怒之下，于1828年送他到剑桥大学，改学神学，希望他将来成为一个“尊贵的牧师”。但是达尔文对自然历史的兴趣变得越加浓厚，完全放弃了对神学的学习。在剑桥期间，达尔文结识了当时著名的植物学家J.亨斯洛和著名地质学家席基威克，并接受了植物学和地质学研究的科学训练。他后来曾经乘坐贝格尔号舰作了历时5年的环球航行，对动植物和地质结构等进行了大量的观察，出版了《物种起源》，提出了生物进化论学说，从而摧毁了各种唯心的神造论以及物种不变论。

艾伦·麦席森·图灵（Alan Mathison Turing），英国数学家、逻辑学家，被称为“计算机科学之父”“人工智能之父”。1931年图灵进入剑桥大学国王学院，毕业后到美国普林斯顿大学攻读博士学位，第二次世界大战爆发后回到剑桥，后曾协助军方破解德国的著名密码系统，帮助盟军取得了二战的胜利。

达·芬奇（Leonardo da Vinci）被认为是有史以来最伟大的画家之一，意大利文艺复兴时期的杰出代表。他富有“天才的好奇心”和“极富创造力的想象力”。他的母亲是一位农妇。他五岁前和母亲一起居住在村镇里，达·芬奇没有正式地学过拉丁语、几何和数学。

莫扎特三岁弹琴，四岁识谱，五岁开始作曲，这个百年难得一遇的天才“满脑子都是音乐”，被誉为“音乐的上帝”。莫扎特写出了大量的音乐作品，留下了许多不朽的杰作。其中包括 20 余部歌剧、41 部交响曲、50 余部协奏曲、17 部钢琴奏鸣曲、6 部小提琴协奏曲、35 部钢琴小提琴奏鸣曲、23 首弦乐四重奏，以及数部嬉游曲、小夜曲、舞曲及宗教乐曲。在莫扎特身上，处处都体现出典型的艺术家天性。他是一个热爱生活、充满诗意、富有感情的人。同时，他不受宗教势力拘束，曾经与当地大主教决裂。

文森特·威廉·梵高（Vincent Willem van Gogh），荷兰著名画家，代表作有《星月夜》、自画像系列、向日葵系列等。因为从小就孤僻的原因梵高被送进津德尔特的公立学校，后惨不忍睹的学习环境导致他越来越叛逆，于 1861 年 10 月底退学。1864—1866 年，梵高在离家 13 英里的泽文伯根镇寄宿学校学习，为了能回家，他开始选择逃学。他做过职员和商行经纪人，还当过矿区的传教士。

爱因斯坦、笛卡儿、达尔文、图灵、达·芬奇、莫扎特、梵高……他们与芸芸众生，有什么区别？他们在人群之中，却又远离人群，他们或被认可，或被远离，或被褒扬，或被误解。我们该如何看待这些伟人呢？

人存在“早慧”现象。中国的“少年班”的成功探索经验值得回顾总结。1978 年 3 月，在美籍华裔物理学家、诺贝尔物理学奖获得者李政道教授的大力倡导和热心支持下，在邓小平、方毅等党和国家领导人的支持和推动下，中国科学技术大学创建了少年班，其目的是为探索中国优秀人才培养的规律，培养在科学技术等领域出类拔萃的优秀人才。至 2008 年，中科大少年班已经走过了 30 年。30 年来，少年班共招收 31 期学生总计 1 220 人，已毕业 1 027 人，其中 935 人考取研究生，占 91%。前 16 届毕业生共 590 人，64%获得博士学位，26.9%获得硕士学位。据不完全统计，他们中约 20%选择学术研究作为自己的终身职业，有 93 人拥有国内教授、副教授职称和国外终身教职，许多人已成为国际著名科学家；有超过 70%的少年班毕业生活跃在海内外经济、IT、金融、制造等领域。

人之相聚会产生不同效应，有的成为“乌合之众”，有的激发出“群体智慧”。法国社会心理学家古斯塔夫·勒庞阐述了群体以及群体心理的特征，指出了当个人是一个孤立的个体时，他有着自己鲜明的个性化特征，而当这个人融入了群体后，他的所有个性都会被这个群体所淹没，他的思想立刻就会被群体的思想所取代。而当一个群体存在时，他就有着情绪化、无异议、低智商等特征。

群体智慧（Collective Intelligence），也称集体智能，是一种共享的或者群体的智能，它是从许多个体的合作与竞争中涌现出来的。集体智能在细菌、动物、人类以及计算机网络中形成，并以多种形式的协商一致的决策模式出现。

群体讨论产生群体智慧。我们经常进行的所谓头脑风暴法（Brain-storming），又称智力激励法，是由美国创造学家奥斯本于 1939 年首次提出、1953 年正式发表的一种激发性思维方法。此法经各国创造学研究者的实践和发展，已经形成了一个发明技法群，如奥斯本智力激励法、默写式智力激励法、卡片式智力激励法等。在实践中，群体讨论往往面临民主与集中、群智增加与减少等各种实际困惑，还需要进一步深入研究。

个体与群体的偏离，导致我们存在人才培养选拔的困惑。接近“标准化”的学校教育和考试制度，存在很多问题。

为什么会出现学校？一位网民的答案是：“要培养一代又一代的有知识有文化有理想的人才，就需要培养各类人才的场所，那就是各类学校。只有让人们在这些学校中进行教育培养，才能成为社会需要的各类人才。这些具有一定知识素养的人才能源源不断地为社会创造出丰富的物质财富和精神财富。”

但是，学校还有一个重要的功能是：互动创造。

佛陀释迦牟尼得道后，要将他领悟到的道理，传递给天下众人，他召集门徒，坐在一起传道论道，遂出现了佛陀的“十大弟子”，他们道行最出众，得到佛陀的赞许和众僧的拥戴，成为原始佛教教团的中坚力量。佛经中的很多内容就是由佛陀与学生互动创造的，佛经中的一问一答，就是一种互动教育模式。

根据《史记·孔子世家》记载，孔子一生中弟子 3 000 多个，孔门七十二贤是其中优秀的弟子，是孔子思想和学说的坚定追随者和实践者，也是儒学的积极传播者。

《论语》是儒家经典之一，以语录和对话文体的形式记录了孔子及其弟子的言行，集中体现了孔子的思想。孔子去世以后，他的弟子和再传弟子代代传授他的言论，并逐渐将这些口头记诵的语录言行记录下来，形成《论语》。现存《论语》492 章，其中记录孔子与弟子及时人谈论之语约 444 章，记录孔门弟子相互谈论之语 48 章。

我们设想一下，孔子与学生一起上课的情景。老师提问，学生回答，老师也得到反馈，进行再思考，是不是就形成了互动创造？同样，现在的博士、硕士课程中互动环节多，就有利于共同创造。

还有就是关于“人生起跑线”的争论。

常听说：“不要让孩子输在起跑线上。”什么是人生的起跑线？人生有起跑线，人在哪一个城市、哪一个乡村出生，出生于什么样的家庭，在哪里上学，这些都是所谓“起跑线”的一部分。这是地理空间概念。另外一个就是时间概念。在不同的时间内，发展的机会是不同的。所以，人不要回避“起跑线”的说法。

问题在哪？在制度环境、选拔机制，在机会机制。一个理想的社会，应该给予人自由成长、自由发挥、随时起跑的机会和条件。梦想在哪儿都可以放飞，这是真正的民族竞争力。

举个例子，当代数学家陈景润就是一位幸运儿。陈景润1933年5月22日出生于福建省福州市仓山区。1949年至1953年就读于厦门大学数学系，1953年9月分配到北京四中任教，因口齿不清，被“停职回乡养病”。1955年2月由当时厦门大学的校长王亚南先生举荐，回母校厦门大学数学系任助教。1957年10月，由于华罗庚教授的赏识，陈景润被调到中国科学院数学研究所。1973年发表了论文《表达偶数为一个素数及一个不超过两个素数的乘积之和》，被公认为是对哥德巴赫猜想研究的重大贡献。

## 二、企业的考核

绩效考评是人力资源管理的核心职能之一,是指评定者运用科学的方法、标准和程序,对行为主体的与评定任务有关的绩效信息(业绩、成就和实际作为等)进行观察、收集、组织、贮存、提取、整合,并尽可能做出准确评价的过程。

关键业绩指标(KPI,Key Performance Indication),是指通过对组织内部流程的输入端、输出端的关键参数进行设置、取样、计算、分析,衡量流程绩效的一种目标式量化管理指标,是把企业的战略目标分解为可操作的工作目标的工具,是企业绩效管理的基础。

OKR(Objectives and Key Results),即“目标和主要成果考核系统”,由英特尔公司制定,在谷歌成立不到一年的时间里,被投资者约翰·都尔引入谷歌,并一直沿用至今。

克里斯蒂娜·沃特克的《OKR 工作法》一度畅销。OKR 工作法又称为目标管理法。目标管理法基于两个基本原则。第一个原则可以用乔治·巴顿的名言概括,“不要告诉下属具体怎么做,只要告诉他们你要什么,他们就会给你满意的结果”;第二个原则可以用惠普的宣传语概括,“用关键结果衡量工作绩效”。

从流水线工人接受计时工资、计件工资考核,到 KPI 考核,再到今天创造性企业的 OKR 考核,考核方式在不断发展,但人的创造力是无法被考核的。这是一个值得关注的新课题。

## 三、区域创新

十年前，美国、欧洲以及国内北京、上海、香港等地都进行过创意指数（Creativity Index）的研究，试图搞出一套评测区域创意产业发展的量化测评体系。

理查德·佛罗里达（Richard Florida）提出了3Ts（人才、技术、宽容度）理论。

人才指数包括：创意阶层，广义的创意阶层包括科学家、工程师、美术家、文化创意人、经理人、专业人员和技师，狭义的创意阶层则不包括技师；人力资源指数是指拥有本科及以上学历的人口数；科学才能指数表示每百万人口中研究人员的数量。

技术指数，包括：R&D 指数，指用于 R&D 的支出占 GDP 的百分比；创新技术，即每百万人口专利的拥有数量。

宽容度指数包括：价值观指数，反映国家或某个地区对传统价值观的支持程度和对现代或世俗价值观的抵触程度。

理查德·佛罗里达根据美国的经济与文化体制背景设立了这一指标体系，其中的个别指标未必适用于中国以及东亚的国家或地区。国家创意指数与创意经济总量并非呈正相关关系。

2004 年，理查德·弗罗里达与人合作研究提出了“欧洲创意指数”（ECI）。“欧洲创意指数”包括三方面指标：欧洲人才指数（Euro-Talent Index）、欧洲技术指数（Euro-Technology Index）和欧洲包容性指数(Euro-Tolerance Index)。“欧洲创意指数”相比3Ts理论有较大发展,但其核心思想仍然认为,一个国家或地区的竞争力取决于其吸引、保留和发展创意人口的能力。

2004年,中国香港特区政府委托香港大学文化政策研究中心进行的“香港创意指数”研究,考虑到创意经济发展的现实绩效,发展了3Ts理论,充分考虑到亚洲地区(特别是香港特别行政区)的实际情况,综合考量“创意的成果、结构及制度资本、人力资本、社会资本、文化资本”五大因素,得出香港地区的创意指数情况。

兰德里是创意城市研究的倡导者,他对巴塞罗那、悉尼、西雅图、温哥华、赫尔辛基、格拉斯哥等大量城市进行个案研究之后,提出创意城市共同的成功点是:富有想象力的个体,创意组织机构和有明晰目标的政治文化。兰德里以思考创意(thinking creative)、规划创意(planning creative)、行动创意(acting creative)为主线研究创意城市问题。

一个区域的确为企业的生根发芽提供了“土壤”,区域与企业之间的互动关系是非常复杂的。有的人问,是深圳成就了华为任正非吗?是杭州成就了阿里巴巴马云吗?从宏观的角度来看,区域的环境,是当初企业的定位和机会,一定是有必然内在互动关系的。但是,从微观层面,企业的核心还是人的力量。

1999年,马云带领创业团队在杭州创办阿里巴巴。马云也有在北京发展过自己的事业。1997年,马云接到来自北京的电话,受邀出席经贸部电子商务司司长的座谈会,原因是因为马云创业团队创办的中国黄页被相关人士看好。北上的马云，出任中国国际电子商务中心国富通信息技术发展有限公司总经理，主要开发外经贸部官方网站及网上广交会等产品。在1年多的时间里，马云带领自己的团队在北京做得不差。但就在1998年的冬天，马云决定离开北京，回到杭州创业。因为他觉得“在北京自己没有主动权，自己不能决定自己做什么”。杭州应该有比北京更适合互联网公司发展的宽松环境。

## 四、R&D投资

R&D投资怎么投、投到哪儿？

很多国家的科研经费投入总额并不高，但是出现了大批领先全球的科研成果。细看这些国家的科研投入取向，主要是“把钱砸到对的地方”。什么是对的地方？就是重点实验室、重点人才、重点项目、重点投资，集中火力攻关。德国、以色列、瑞士、芬兰等国家，都采取了这样的模式。另外，可以通过市场来配置资源。人才要流动，人才自然配置到最合适的科研研究所与科研机构。

其中，就涉及科研指标化的困境。

科学研究与创造力绩效可以指标化吗？指标化不是指挥棒，可以“事后诸葛亮”。在撰写本书的过程中，笔者得到一个令人振奋的消息。

2020年2月23日，教育部、科技部印发《关于规范高等学校SCI论文相关指标使用树立正确评价导向的若干意见》，对破除论文“SCI

至上”提出明确要求，要建立科学评价体系，净化高校学术风气。在规范 SCI 论文相关指标使用时规定，不把 SCI 论文相关指标作为职称（职务）评聘和人员聘用的依据和条件，并扭转对个人和院系考核奖励的功利化倾向。

SCI 是美国创办的科学引文索引，是一个分类数据库。SCI 的本质是文献索引系统，并非评价系统，不能把 SCI 论文简单等同于高水平论文，SCI 论文不能全面反映科技创新贡献，不适用于对技术创新、成果转化等工作的评价。

而在当前的科研评价中存在 SCI 论文相关指标片面、过度、扭曲使用等现象，需要规范各类评价工作中 SCI 论文相关指标的使用，鼓励定性与定量相结合的综合评价方式，推动高等学校回归学术初心，净化学术风气，优化学术生态。

《意见》强调，要准确理解 SCI 论文及相关指标，深刻认识论文“SCI 至上”带来的负面影响。积极探索建立科学的评价体系。《意见》要求，要规范 SCI 论文相关指标使用。改进学科和学校评估，在评估中要突出创新质量和贡献，审慎选用量化指标。优化职称（职务）评聘办法，不把 SCI 论文相关指标作为职称（职务）评聘的直接依据。扭转考核奖励功利化倾向，学校不宜设置对院系和个人的论文指标要求，取消直接依据 SCI 论文相关指标对个人和院系的奖励。

正如媒体评论，《意见》破除的是论文“SCI 至上”，不是否定 SCI，更不是反对发表论文，而是仍然鼓励发表高水平、高质量，有创新价值，体现服务贡献的学术论文，在国际学术界发出中国声音。

## 五、诺奖情结

每到诺贝尔奖颁奖时刻，很多中国人就会问："为什么我们没有本土培养的诺贝尔奖物理奖、化学奖获得者？"

牛胰岛素和天然的牛胰岛素具有相同的物理化学性质以及生物活性。蛋白质是生命活动的主要承担者，是构成生命的基础。人工合成蛋白质对人类认识生命、揭秘生命的起源等具有重大的意义。遗憾的是，尽管这项工作已经达到了诺贝尔奖的水准，但这项成果并没有获得诺贝尔奖。查阅相关资料，故事真假难辨，历经曲折，值得深思。

袁隆平是我国杂交水稻研究的总工程师和学科领军人物。通过十多年的潜心研究，在 1975 年攻克难关，使得我国成为世界上第一个在生产上成功利用水稻杂种优势的国家。我国超级杂交水稻研究已经实现了每亩田产量达到 1 000 公斤的阶段性目标。这种杂交水稻的技术，为我国粮食安全作出了重大贡献，解决了全世界很多人的吃饭问题。很多人问："为什么袁隆平院士没有获得诺贝尔奖？"

因为获得诺贝尔奖的前提条件是：必须得有开创性的理论成果。

首次成功的杂交水稻是由美国人亨利 · 毕彻(Henry Beachell)在 1963 年于印度尼西亚完成的。毕彻因此被学术界称为"杂交水稻之父"，并由此获得 1996 年的世界粮食奖。1968 年，日本科学家新城长友经过多年努力找到了野生的雄性不育株，提出了一系列诸如赶粉等杂交水稻育种新方法，首次成功实现了基于“三系法”的水稻杂交技术。但是毕彻、新城长友的方案都存在着某些缺陷，无法进行大规模的推广，使得水稻杂交停留在实验室阶段，未能完成杂交水稻的产业化。袁隆平在此基础上成功地寻找到了合适的野生的雄性不育株，选育出了第一个得到大面积应用的杂交水稻品种，于 1981 年荣获中国第一个国家发明特等奖。袁隆平被很多国人称为“杂交水稻之父”算是一种褒奖。

截至目前，全球有 9 位华人科学家获得诺贝尔奖：

屠呦呦，1930 年生于浙江宁波。2015 年 10 月，屠呦呦获得诺贝尔生理学或医学奖，理由是她发现了青蒿素，这种药品可以有效降低疟疾患者的死亡率。

高锟，1933 年出生于上海，因在“有关光在纤维中的传输以用于光学通信方面”作出突破性成就，获得 2009 年诺贝尔物理学奖。

钱永健，1952 年出生于美国纽约，祖籍中国浙江省杭州市临安区，是“中国导弹之父”钱学森的堂侄，2008 年获得诺贝尔化学奖。

崔琦，1939 年出生于中国河南省平顶山市宝丰县，因为解释了电子量子流体这一特殊现象，1998 年获得诺贝尔物理学奖。

朱棣文，1948 年出生于美国，美籍华人，1997 年获诺贝尔物理学奖，1998 年当选为中国科学院外籍院士。

李远哲，1936 年出生于中国台湾省新竹市。1986 年，李远哲和哈佛大学的达德利 · 赫希巴赫、加拿大多伦多大学的约翰 · 波拉尼三人共同获得诺贝尔化学奖。

丁肇中,1936年生于美国密歇根州安阿伯城,祖籍是中国山东日照,1976年被授予诺贝尔物理学奖。

杨振宁,1922年出生于安徽合肥,1957年获诺贝尔物理学奖,在粒子物理学、统计力学和凝聚态物理等领域作出了里程碑性的贡献。

李政道,1926年生于上海,1957年与杨振宁一起获得诺贝尔物理学奖。

这些卓越的科学家的成就证明华人能够达到世界科学研究的顶峰。人类对科学技术的追求,是没有止境的。科学研究的成果,既有国界,也没有国界。但是,可以肯定的是,诺贝尔奖设立的本意,是面向全世界的。

应该相信,强大的国民经济基础是孕育科学研究的肥沃土壤,未来肯定还会出现中国籍的诺贝尔奖获得者。

# 第八章 | 创造的历史观

尽管古代中国对人类科技发展作出了很多重要贡献，但为什么科学和工业革命没有在近代的中国发生？

——李约瑟（Joseph Needham）

## 一、文明古国

威廉·麦克高希（William McGaaghey）所著《世界文明史》（*Five Epochs of Civilization: World History as Emerging in Five Civilizations*）称："古巴比伦、古埃及、古印度、古希腊、中国，是世界上曾经存在过的五大文明发源地。"

美国历史学家斯塔夫里阿诺斯（Leften Stavros Stavrianos）所著《全球通史》提及："中东、印度、中国和欧洲这四块地区的肥沃的大河流域和平原，孕育了历史上最伟大的文明。这些文明使欧亚大陆成为起重大作用的世界历史中心地区。更明确地说，中东的文明中心包括尼罗河流域、底格里斯河和幼发拉底河流域及伊朗高原；古中国的文明中心是黄河流域和长江流域；欧洲的文明中心在地中海北岸地区。”

任何一个文明古国，都曾经创造了辉煌的物质文明与精神文明财富。中华文明是人类文明的重要组成部分。

历史学家一直在探究，为什么几大文明古国中仅仅中国得以完整传承发展其历史与文明？

其中的原因也许在于：中国地域广阔；有史以来人口众多；长时期的统一状态；文字得到良好传承发展；劳动人民始终勤劳朴实……

观古思今，我们可以得到哪些关于创造力的启发？

## 二、中国科技史

中国古人在天文、数学、医药、建筑等领域都取得了辉煌的成就。

春秋时期，我国历法已经形成自己固定的系统，这比西方早 160 年。战国时期，出现了世界上最早的天文学著作《甘石星经》。

汉武帝时，天文学家制订出中国第一部较完整的历书《太初历》，开始以正月为岁首。东汉张衡对月食做了最早的科学解释。

唐朝天文学家僧一行制定的《大衍历》比较准确地反映了太阳运行的规律，系统周密，僧一行还是世界上第一位用科学方法实测地球子午线长度的人。

北宋科学家沈括的“十二气历”有利于农事安排。元朝天文学家郭守敬主持编定了《授时历》,一年的周期与现行公历基本相同,比现行公历早300年问世。

《墨经》中有大量的物理学知识,其中包括杠杆原理和浮力理论的叙述,还有声学和光学的记载。

《九章算术》约成书于东汉,是当时世界上最先进的应用数学著作,标志着中国古代数学形成了完整的体系。

魏晋时期的数学家刘徽,运用极限理论,提出了计算圆周率的正确方法。南朝祖冲之精确地计算出圆周率在3.141 592 6~3.141 592 7之间,这一成果比外国早近一千年,他的专著《缀术》对数学发展有杰出的贡献。

在中国古代算书中,《周髀算经》《九章算术》《孙子算经》《五曹算经》《夏侯阳算经》《孙丘建算经》《海岛算经》《五经算术》《缀术》《缉古算机》等10部算书,被称为"算经十书"。

扁鹊是战国时期最著名的医生,后代把他奉为"脉学之宗",他采用望闻问切四诊法诊断病情,四诊法成为我国中医的传统诊病法,两千多年来一直为中医所沿用。

战国问世、西汉编定的《黄帝内经》是我国现存较早的重要医学文献。它奠定了中医的理论基础。东汉的《神农本草经》是中国第一部完整的药物学著作。东汉末年的华佗,擅长外科手术,被人誉为"神医",发明了麻沸散。东汉末年的张仲景,被称为"医圣",其代表作《伤寒杂病论》是中医的重要经典。

唐朝杰出的医学家孙思邈的《千金方》,全面总结历代医药学成果，并有许多创见。唐高宗时期编修的《唐本草》，是世界上最早的由国家颁行的药典。

明朝李时珍编写的《本草纲目》，记载药物一千八百多种，方剂一万多个，全面总结了16世纪以前的中国医药学，被誉为“东方医药巨典”。

中国古代建筑包括了皇家建筑、皇家陵墓、民间建筑、宗教建筑、私家园林等各方面，成就辉煌。

夏、商、西周的都城是全国政治、交通中心，都城有城门供居民出入，城内有整齐宽广的街道。

隋朝著名建筑师宇文恺主持修建了大兴城，唐朝在此基础上扩建为长安城。长安城整体设计合理，建筑规模宏大，体现了当时城市建筑的高超技术。隋朝工匠李春设计建造的赵州桥，是世界上最早的敞肩石拱桥，在世界桥梁史上占有重要地位。

北宋末年李诫编写的《营造法式》，是我国建筑史上的杰出著作。元大都建筑宏伟，城内有完整的排水系统。明成祖令人在元大都的基础上营建北京城，保留至今，属于世界建筑奇迹。

北朝时期，贾思勰的《齐民要术》系统地总结了6世纪以前黄河中下游地区农牧业生产经验等内容，是中国现存最早、最完整的农书。

明朝徐光启的《农政全书》，综合介绍了我国传统农学成就，建立了一个比较完整的农学体系。

战国时期，出现了手工业专著《考工记》，记述了齐国官营手工业各个工种的设计规范和制造工艺,在当时世界上是独一无二的。

北宋科学家沈括的《梦溪笔谈》,总结了我国古代的许多科技成就,在我国和世界科技史上有重要地位。英国学者李约瑟称沈括是“中国科技史上最卓越的人物”。

明代宋应星的《天工开物》,总结了明代农业、手工业的生产技术。书中还收录了一些国外传来的技术,国外称它为“中国 17 世纪的工艺百科全书”。

## 三、李约瑟之问

英国学者李约瑟(Joseph Needham)在其编著的 15 卷《中国科学技术史》中正式提出一个问题:“尽管古代中国对人类科技发展作出了很多重要贡献,但为什么科学和工业革命没有在近代的中国发生?”

中国著名科学家钱学森曾提出著名的“钱学森之问”。2005 年,温家宝总理在看望钱学森的时候,钱老感慨说:“这么多年培养的学生,还没有哪一个的学术成就,能够跟民国时期培养的大师相比。”钱老又发问:“为什么我们的学校总是培养不出杰出的人才?”“钱学森之问”是关于中国教育事业发展的一道深刻命题,需要整个教育界乃至社会各界来共同破解。

这两位大师之问,一远一近。

乔尔·莫克尔(Joel Mokyr)曾提出所谓“技术发展史上最大之

谜”，即为什么中国在14世纪以后不能保持其技术上的领先地位？14世纪以前，中国曾是世界上技术最先进的国家。造纸术、活字印刷、指南针、火药、纺车，这些都是在中国发明的，然而在16世纪这类发明完全失传或没有改进。

李约瑟本人对“李约瑟之问”提供了一些解释：中国没有具备适宜科学成长的自然观；中国人太讲究实用，很多发现滞留在经验阶段，等等。

《方法论》是笛卡儿在1637年出版的著名哲学论著。《方法论》对西方人的思维方式，思想观念和科学研究方法有极大的影响。有人曾说：“欧洲人在某种意义上都是笛卡儿主义者，就是指的受他提出的方法论的影响。”

在20世纪60年代以前，西方的科学研究，从机械到人体解剖，基本是按照笛卡儿的方法论进行的，笛卡儿的方法论对西方近代科学的飞速发展，起了相当大的促进作用。但也有其一定的缺陷，直到阿波罗号登月工程的出现，科学家们才发现，有的复杂问题无法分解，必须以复杂的方法来对待，因此导致系统工程的出现，笛卡儿的方法论才第一次被综合性的方法所取代。系统工程的出现对传统科学起了相当大的促进作用。

影响中华文明圈的方法论来自《易经》，其最早期作者是谁，是一个人，还是一群人？至今没有定论。

《易经》是阐述天地世间万象变化的古老经典，是博大精深的辩证法哲学书。包括《连山》《归藏》《周易》三部易书，其中《连山》和

《归藏》已经失传，现存于世的只有《周易》。《易经》被誉为“诸经之首、大道之源”，蕴涵着朴素深刻的自然法则和和谐辩证思想。

《易经》从整体的角度去认识和把握世界，把人与自然看作是一个互相感应的有机整体。

英国学者安格斯·麦迪森对中国960年至今的经济增长和长期表现进行了研究，提出如下观点：

技术进步不应该局限于机器制造上的进步，还应该包括管理、组织和农业耕作方面的创新。

在15—18世纪的欧洲，现代科学方法出现并渗透到教育制度之中，促进了欧洲的快速发展；与此同时，中国的教育制度却不适于发展现代科学。欧洲的人均GDP在这个时期已经领先于中国。

1952年至1978年，中国经济出现了明显的增长加速，GDP增长了3倍，人均收入提高了约80%。工业在GDP中的比重由约8%提高到约30%，增长的加速来自对物质和人力资本的巨大投入。资本存量平均每年增长7.7%，劳动投入的增长快于人口的增长。但是，这个阶段的中国经济年均增长率（2.3%）低于世界年均增长率（2.6%）。造成这一结果的原因主要有：大规模的政治运动阻止了经济发展；生产单位过于庞大；中国被隔离于世界经济之外，美国对我国的封锁，使外国投资不能进入。

1978年之后30年的经济高速增长，直接来源于中国的经济改革。中国主要经济政策的变化成功地、大幅度地提高了人均收入水平，其间资本存量也出现了快速增长。这种进步的主要原因是对资源的更有效的利用和全要素生产率（TFP）的大幅度提高。改革时期的成功政策，使中国人均收入在1978年至2003年间的增速超过任何亚欧国家，是世界平均增速的4倍。

全要素生产率（Total Factor Productivity）又称为“索罗余值”，最早是由美国经济学家罗伯特·索罗（Robert M. Solow）提出，是指生产活动在一定时间内的效率，即总产量与全部要素投入量之比。全要素生产率的增长率常常被视为科技进步的指标。全要素生产率的来源包括技术进步、组织创新、专业化和生产创新等。

从安格斯·麦迪森的研究可以看出，中国历史上的技术创新、科学发明、创意经济增长严重依赖于制度环境的推动与配置，产生于民间的新技术的推广应用没有明显惠及创意者本身。因为社会对创新、创意激励的减退，使科技创新与文化发展的动力减弱，从而导致我国历史上的科技发明走向衰败。

## 四、奋起直追七十年

在2019年，中华人民共和国成立70周年之际，中科院等部门整理了1949年以来的一些重大科技成果，发布到网络上，部分内容如下：

1952年7月1日，新中国修建的第一条铁路——成渝铁路通车。这是中国第一条完全由自己设计、自己建造、材料零件全部为国产的铁路。

1956年7月13日,新中国第一辆汽车——解放牌载重汽车在长春下线,结束了中国不能制造汽车的历史。

1956年7月19日,一架银白色的喷气式歼击机腾空而起,我国自主生产的第一代喷气式歼击机歼-5首飞成功。

1957年10月,武汉长江大桥建成通车。武汉长江大桥是新中国成立后在长江上修建的第一座大桥,也是中国第一座铁路、公路两用长江大桥,被称为“万里长江第一桥”。

1958年3月17日,中国第一台国产电视机——北京牌电视机诞生,电视机从此开始走进千家万户。

1958年8月1日,国产计算机103机完成了四条指令的运行,宣告中国人制造的第一部通用数字电子计算机的诞生。

1961年,上海江南造船厂造出了新中国第一台万吨水压机,结束了中国不能制造大型锻件的历史。

1964年10月16日,中国第一颗原子弹爆炸成功,成为世界上第五个拥有核武装的国家。

1967年6月17日,中国第一颗氢弹爆炸成功,中国成为世界上第四个掌握氢弹技术的国家。

1968年1月8日,中国首艘自行设计建造的万吨级远洋船——“东风号”的建成,拉开了我国大批量建造万吨以上大型船舶的帷幕。

1969年10月1日,首都北京开出了新中国第一趟地铁——

北京地铁一号线。目前中国的地铁总里程超过 5 500 公里，运营规模位居世界第一。

1970 年 4 月 24 日，中国发射第一颗人造地球人造卫星——“东方红一号”。

1970 年，我国自主研制的第一艘核潜艇成功下水，中国成为世界上第五个拥有核潜艇的国家。

1973 年，袁隆平培育出了“东方魔稻”——第一代籼型杂交水稻，大大提高了我国粮食产量。袁隆平因此被国际农学界誉为“杂交水稻之父”。

1974 年，我国科技人员自行设计、研制出了第一代主战坦克——69 式坦克，实现了我国主战坦克由仿制到自主研制的转变。

1975 年 9 月，王选把几千兆的汉字字形信息压缩后存进了只有几兆内存的计算机，这是新中国首次把精密汉字存入了计算机。

1976 年，中国工程院院士赵梓森，在武汉拉出了中国第一根石英光纤，开启了中国光纤数字化通信新时代。

1979 年 7 月，北大汉字信息处理技术研究室，用自行研制的汉字激光照排系统，输出印制中文报纸。

1980 年 5 月 18 日，我国“东风五号”洲际导弹首次全程试射成功。

1981 年，我国人工合成了完整的酵母丙氨酸转移核糖核酸，这是世界上第一个人工合成的转移核糖核酸。

1983 年 12 月，我国第一台每秒钟运算 1 亿次以上的“银河”巨型机由国防科技大学计算机研究所研制成功。

1984 年 5 月，广州市用 150 MHz 频段开通了中国第一个数字寻呼系统。1987 年 11 月，广州市建立了中国第一个移动电话局。

1987 年 9 月，北京计算机应用技术研究所建成我国第一个因特网电子邮件节点，揭开了中国人使用互联网的序幕。

1988 年 10 月 16 日，我国第一座高能加速器——北京正负电子对撞机首次对撞成功。这是我国继原子弹、氢弹爆炸成功，人造卫星上天之后，在高科技领域取得的又一重大突破性成就。

1991 年 12 月 15 日，我国自己设计建造的第一座核电站——秦山核电站并网发电，结束了我国大陆无核电的历史。

1993 年，中国科学院北京真空物理实验室操纵原子，成功写出“中国”二字。

1994 年 4 月 20 日，第一条 64K 国际专线接入中国，中国正式接入因特网，加入了国际互联网大家庭，中国从此开始有了“网民”。

1998 年 3 月，国产歼-10 型飞机首次试飞成功。歼 10 战斗机是中国自行研制的第三代战斗机，也是中国最新一代单发动机多用途战斗机。

1999 年 9 月，中国加入人类基因组计划，是参与这一研究计划的唯一发展中国家。

2000年10月31日，我国自行研制的第一颗导航定位卫星——“北斗导航试验卫星”发射成功。中国成为继美、俄之后，第三个拥有自主卫星导航系统的国家。

2002年，中国科学院计算技术研究所研制出我国首枚高性能通用微处理芯片——“龙芯1号”CPU。

2003年10月15日，航天员杨利伟乘“神舟五号”飞船成功升空，绕地球飞行14圈安全着陆，我国首次载人航天飞行圆满成功。

2007年10月24日，我国第一颗绕月探测卫星——“嫦娥一号”发射成功，并进入预定地球轨道。

2008年9月，我国自行研制的“神舟七号”载人飞船发射升空。航天员翟志刚实施空间出舱活动。这是我国首次实现太空行走。

2012年9月25日，我国第一艘航空母舰“辽宁舰”按计划完成建造和试验试航工作，在中船重工大连造船厂正式交付海军。

2015年12月21日，“神威太湖之光”超级计算机落户无锡，成为全球运行速度最快的超级计算机。这是首台全部使用国产处理器构建的超级计算机。

2016年9月，具有我国自主知识产权、世界最大单口径、最灵敏的射电望远镜落成启用，被誉为“中国天眼”，成为射电望远镜领域的领先者。

2017年5月3日，世界首台光量子计算机在中国诞生。

2018年10月24日，港珠澳大桥正式通车运营。港珠澳大桥集桥梁、隧道和人工岛于一体，建设难度之大，被业界誉为桥梁界的“珠穆朗玛峰”，也被英国《卫报》评为“新的世界七大奇迹”之一。

2019年9月25日，北京大兴国际机场正式投运，以“中国速度”创多项纪录：世界规模最大的单体机场航站楼，世界最大的减隔震航站楼，全球首座双层出发、双层到达的航站楼，全球第一座高铁从地下穿行的机场，世界最大的无结构缝一体化航站楼。

如何来评价和看待我国过去70年在科技领域取得的伟大成就？

一个刚刚建立的国家要确立生存空间，国家安全的投入是首要问题。在这个逻辑下，我们看1949年到1978年国家对科技的投入，取得了“拿底牌”的目标。

1978年改革开放以后，在邓小平“科学技术是第一生产力”这样的坚定论断下作出的很多改革措施以及投资安排，效果、效率都是跨时代的。

放到今天来看，在例如芯片半导体、民用大飞机这样的大产业，我们似乎有客观上的战略“延误”。在党的十八大以后，党和国家开始在芯片、大飞机以及基础材料、核心元器件等领域显著发力，这是非常英明的决策。

## 五、当下挑战

为什么中华文化具有如此大的生命力，文明得以延绵不绝？从全球视野来看，我们当下的文化振兴，要选择什么样的体系？纲领是什么？法则是什么？细则是什么？

冯天瑜、何晓明《中华文化史》一书从地理背景、经济土壤、社会结构等方面分析了中华民族的文化生成机制，以及自远古至中华人民共和国成立这一时段内中华文化自发生到一统、多元、隆盛、内省、融合、蜕变新生的发展历程。按照作者的理解，以黄河、长江流域为主体的这一块独特的地理空间，孕育发展了我们延绵不绝的中华文化。这不是简单的地理空间决定论。

纵观三千年有史记载以来，文化的辉煌，离不开几个要点：经济发达，人员交流互动频繁，较为发达的生产力使闲暇人群有从事文化创造与科技发明的机会；国泰民安；开放的治国之策；内部开明的政治生活环境；融合发展。

中国近代的文化遭遇到前所未有的碰撞。碰撞，也是思想交锋，会产生新的创造。

很多人感叹，民国大师辈出，究其原因为何？

有人认为：首先，古今中外的历史证明，每一个社会动乱期，都会是文化的爆发期，如春秋战国、南北朝等时期。在“乱世”中，各种创新的、保守的、探索的思想都得以充分表达，从而在历史上留下痕迹。其次，是时间的巧合。1840 年以来，中国遭到了列强的入侵和瓜分，民族存亡之际，无数仁人志士积极寻找救国的道路，他们中的许多人漂洋过海去国外求学，回国后成为各自领域的“大师”。

改革开放以来，我们在文化事业、文化产业上取得的成就是可观的。

国家统计局 2019 年 7 月 25 日发布的报告显示，2018 年，我国电影院线拥有银幕 60 079 块，比 2012 年增长 3.6 倍，银幕总数跃居世界第一。报告指出，1953—1957 年，文化事业费总投入为 4.97 亿元，1978 年当年增加到 4.44 亿元，到 2018 年达 928.33 亿元。报告还显示，我国文化产业经济总量明显增加。2018 年我国文化产业增加值达 38 737 亿元，比 2004 年增长 10.3 倍；文化产业增加值占 GDP 比重由 2004 年的 2.15%、2012 年的 3.36%提高到 2018 年的 4.3%，在国民经济中的占比逐年提高。

2018 年底，全国共有各类艺术表演团体 17 123 个，为 1978 年的 5.4 倍，1949 年的 17.1 倍；艺术表演场馆 1 236 个，为 1978 年的 1.1 倍，1949 年的 1.4 倍。2018 年全国艺术表演团体从业人员 41.6 万人、演出 312 万场次、全年演出收入 152.3 亿元，分别比 2012 年增长 72%、131.5%和 137.4%。

文化新业态发展势头强劲。文化产品和服务的生产、传播、消费的数字化、网络化进程加快，数字内容、动漫游戏、视频直播、视听载体、手机出版等基于互联网和移动互联网的新兴文化业态成为文化产业发展的新动能和新增长点。2016 年、2017 年，全国规模以上文化信息传输服务业营业收入分别增长 30.3%和 34.6%，文化创意和设计服务业营业收入均增长 8.6%。

但是，我们文化产业还存在短板，体现在内容方面。在文化内容方面，还没有形成类似好莱坞、BBC 电视台、太阳马戏城这样影响巨大的全球内容供应商。

这到底是体制机制的问题，还是企业自身的问题？

这些问题值得深思。不过，可以确定的是，要实现文化的传承和更新，就要有制度体系来保障文化产业投资的参与度、积极性，并给数以千万计的文化人以“思接千载”的创造空间。

# 第九章 创造的未来观

> 我们不能有狭隘的自豪感,这种自豪感会害死我们。
>
> ——任正非

## 一、倒逼机制

民族在困境中奋进。中华民族发展到今天,在取得辉煌成就的同时,也面临很多问题,这些问题在“倒逼”我们继续创造。

2019 年,中国的 GDP 接近 100 万亿元人民币,同比实际增长了 6.1%,按上年平均汇率折算为 14.36 万亿美元,与 2018 年的 13.89 万亿美元相比增长了 0.47 万亿美元。同期,2019 年,美国的 GDP 为 21.43 万亿美元,再度位居全球第一名。2018 年美国的 GDP 为 20.58 万亿美元。这意味着,2019 年美国 GDP 比上年增长了 0.85 万亿美元。从数据上看,中国 GDP 是美国 GDP 的 67%,排名全球第二名。

很多人提出这个问题：中国未来 GDP 能否达到全球第一，超过美国？我们必须看到下一步 GDP 发展面临的困境：对国土资源的普遍开发带来的局部环境压力；房地产产业的风险；劳动力资源与对外出口产业的国际竞争……

习近平总书记在 2014 年 5 月考察河南时说："中国发展仍处于重要战略机遇期，我们要增强信心，从当前中国经济发展的阶段性特征出发，适应新常态，保持战略上的平常心态。"经济新常态，是经济学上的一个概念，是指经济结构对称态基础上的经济可持续发展。

新常态下，中国经济的增长空间，也就是最重要的机会在哪里？中国经济后续发展的风险及其控制措施是什么？这些问题在党的十九大报告中有非常清晰的表述。

其中，党和国家对高新技术和中国文化的发展的战略定位已经非常明确、清晰。可以预期，中国的高新技术与文化产业，将是中国下一轮发展中最超预期的板块。技术的竞争，文化的竞争，已经成为国家竞争，不能抱有任何幻想，只能面对和迎接。

我国经济社会发展面临很多切实挑战。

一是高能耗挑战。

中国改革开放以来，取得了持续 30 多年的经济高速增长的瞩目成就，但是也面临连续几年的经济下行压力和新的问题。最为重要，也最为紧迫的是，我国经济在高速增长中，产业高能耗现象突出。历史数据为例，2004 年，我国单位 GDP 的能耗是发达国家的 3 至 4 倍，主要产品能耗比发达国家平均高 40%，单位 GDP 的能耗是日本的 7

倍、美国的6倍，甚至是印度的2.8倍。我国的环境问题是全方位的，全范围的。例如水资源污染导致河流湖泊水质量下降，空气污染导致的雾霾现象，还有看不见的土壤污染等问题，已经受到国家和民众的高度重视，国家也采取了果断有力的解决方案。但是，经济发展有一个阶段，环境治理需要一个过程。最根本的是要从产业资源的投入、能源转化模式、产业结构优化等方面寻找出路。

二是劳动密集之困。

因为历史原因，我国多数产业属于劳动密集型，导致很多产业门类处于全球产业分工的低端环节。我国的工业体系形成晚于发达国家，科技研发水平一度落后于全球科技巨头，在改革开放后，我国一方面分享到了产业分工转移的红利，另一方面也形成了劳动密集型产业为主的格局。

从长远看，我国亟待提高产业发展的科技与文化含量，提高产品的附加值，只有这样才能实现经济结构的升级转型。

三是中国作为消费大国的需求填补。

我国有超过14亿的人口，这一庞大的人口基数产生巨大的市场需求潜力，决定了我国经济发展模式的特殊性，居民生活消费结构的特殊性，也决定了消费需求填补的紧迫性。

因为人口基数的原因，我国出现了很多“最”：我国家庭电视机拥有量全球最多；我国手机用户数全球最多；我国网民人数（电脑上网和手机上网）也不低于8亿，位居全球第一；2018年我国电影院银幕总数已突破6万块，稳居全球第一。

这些庞大的终端数量，带动了电影、电视、网络内容、各种软件应用产业，形成了围绕这些终端庞大的技术研发运营服务企业，如百度、阿里巴巴、腾讯、京东等，支撑了中国移动、中国电信、中国联通等通信网络运营商，促进了华为、中兴、小米、VIVO 等设备技术服务商的发展。

中国巨大的消费市场也成就了全球供应商的快速发展。根据中商情报网讯的数据，2019 年全球手机制造商的出货量排前五位的分别是三星、华为、苹果、小米、OPPO。三星以 2.95 亿台的手机出货量领跑。华为手机出货量超越苹果排名第二，华为手机出货量共达 2.41 亿台。苹果以 1.97 亿台排名第三。2019 年苹果手机在中国国内市场的销量为 2 750 万台。

消费市场是创意产业的指挥棒。创意产业务必紧跟消费市场的变化，并提供符合消费需求的创意产品，才能真正激活创意产业市场。随着劳动生产率的提高，网络技术、机器人、人工智能技术的普遍使用，我国劳动者用于休闲消费的时间会显著增多。有资料显示，在我国局部地区，人的劳动时间约占 10.4%，闲暇时间占 38.6%，围绕休闲的文化创意产业迎来巨大机遇。未来人们的闲暇时间会超过这一比例。我们要做好迎接 AI 时代、休闲时代的供给侧准备。

面对国内十四亿人的庞大需求，我们必须要有硬件产品，还要有软件产品。这是机会，也是挑战。如果说二十年前，中国的企业还在“学”，那么最近十年，中国的企业在“赶”，未来十年，中国企业必须“超”才有出路。

四是中国面临关键新材料和核心部件的短板。

一直以来,中国在高端制造、IT 信息产业领域一直存在缺“芯”短“机”的问题,也就是缺少领先国际同时代水准的芯片和关键发动机。

2016 年 3 月,美国商务部对中兴通信施行出口限制,禁止美国元器件供应商向中兴通信出口元器件、软件、设备等技术产品。2017 年 3 月,中兴通信与美国财政部、商务部和司法部达成的和解协议。美国商务部 2018 年 4 月 16 日再次宣布,未来 7 年将禁止美国公司向中兴通信销售零部件、商品、软件和技术。虽然最终双方达成了和解协议,但是该事件给我国 IT 通信产业的“警示”是明显而紧迫的。2019 年 5 月 16 日,美国商务部工业和安全局(BIS)正式宣布,把华为列入“实体名单”(entity list)。

中兴、华为芯片事件只是冰山一角,在科技研发领域,任何企业都没有幻想的余地,只有真正地投入研发,参与全球竞争,才能真正实现生存与突围。

我国是世界最大的集成电路消费市场,根据海关总署数据,集成电路进口额从 2015 年起已连续三年超过原油。数据显示,中国每年进口 2 000 多亿美元的芯片。计算机系统的服务器、个人电脑 MPU 的国产芯片占有率为 0,在通用电子系统、通信装备系统、内存设备、显示与视频技术领域的芯片占有率平均不超过 5%。

造成这一情况的原因很多,有发展基础薄弱的原因,有国家战略布局的原因,有人才层面的原因,也有芯片半导体产业本身存在技术要求高、投资周期长、竞争激烈、风险巨大等因素。

任正非于 2012 年表示："目前，全球手机操作系统主要是谷歌 Android、苹果 iOS、微软 Windows Phone 8 三足鼎立，形成了各自的生态圈，留给其他终端 OS 的机会窗已经很小。如果说这三个操作系统都给华为一个平等权利，那我们的手机操作系统是不需要的。华为现在做终端操作系统是出于战略的考虑，如果他们突然断了我们的粮食，Android 系统不给我用了，Windows Phone 8 系统也不给我用了，我们是不是就傻了？同样地，我们在做高端芯片的时候，我并没有反对买美国的高端芯片。我认为要尽可能地用他们的高端芯片，好好地理解它。只有他们的芯片不卖给华为的时候，华为就可以大量用自己的芯片，因为尽管华为的芯片稍微差一点，但能凑合、能用上去。海思一定要站立起来，适当减少对美国的依赖。"

自主创新就是要阻断与世界的合作吗？不是。任正非强调："我们不能有狭隘的自豪感，这种自豪感会害死我们……我们不要狭隘，我们做操作系统，和做高端芯片是一样的道理，主要是让别人允许我们用，而不是断了我们的粮食。断了我们粮食的时候，备份系统要能用得上。"

2004 年华为就已开始研发手机芯片，2012 年任正非讲话提出攻坚的战略，直到 2014 年海思麒麟手机芯片才开始跻身业界主流。至今，海思麒麟系列芯片出货量突破一亿颗，主要应用于华为自产手机。试想，如果没有过去十几年的战略布局与实际投入，华为的终端战略必然面临停滞的风险，甚至会败走麦城。

还有就是我国缺少跻身世界一流水平的航空发动机和核心部件。

航空发动机(aero-engine)是一种高度复杂和精密的机械,是各种飞机的心脏。人类航空史上的每一次重要变革都与航空发动机的技术进步密不可分。

经过百余年的发展,航空发动机已经发展成为可靠性极高的成熟产品,正在使用的航空发动机包括涡轮喷气/涡轮风扇发动机、涡轮轴/涡轮螺旋桨发动机、冲压式发动机和活塞式发动机等多种类型,利用航空发动机派生发展的燃气轮机还被广泛用于地面发电、船用动力、移动电站、天然气和石油管线泵站等领域。

在20世纪初期,莱特兄弟将一台四缸、水平直列式水冷发动机改装后,成功用到了"飞行者一号"飞机上,完成了飞行试验。这是人类历史上第一次具有动力、可以载人、平稳运行、可操作的飞行器成功飞行。

在第二次世界大战中,活塞式发动机得到了技术革新,优化了发动机的性能和运行效率。到第二次世界大战结束后,活塞式发动机的技术已经非常成熟。

20世纪30年代后期到40年代初,喷气发动机在英国和德国的诞生,开创了航空事业的新纪元。在第二次世界大战结束后,人类进入了喷气航空时代。

通用电气(GE)是世界上最大的综合性动力和设备制造商,像世界上单台引擎推力最强的民航发动机GE90、最优越的民用引擎

CF6－80C/E、最强大的涡轮轴发动机 CT7－8 系列都是通用电气的杰作，波音 737 使用的 CFM56 发动机也是由通用电气牵头研发的。

罗尔斯·罗伊斯（Rolls-Royce，简称“罗罗”）由创始人查尔斯·罗尔斯和亨利·罗伊斯于 1906 年创立，是英国著名的航空发动机公司，也是欧洲最大的航空发动机企业，它研制的各种航空发动机为世界民用和军用飞机所广泛采用。作为大型豪华公务飞机生产商湾流公司的主要发动机提供商，罗尔斯·罗伊斯占据着全球 1 300 架湾流公务机中的大部分发动机市场。遄达是罗尔斯·罗伊斯公司迄今为止发展的推力最大、性能最好的民用涡扇发动机。波音 787、空客 A380、空客 A330 等均使用遄达系列发动机。

普拉特·惠特尼集团公司（Pratt & Whitney Group），简称 P&W，即普·惠公司，创建于 1925 年。普·惠公司是美国联合技术公司的一个分支，是集飞机发动机、燃气涡轮和航天推进系统的设计、制造和支援为一体的制造商。普·惠公司是美国主力战机 F－22 和 F－35 的唯一动力供应商。其中，用于 F－22 先进战斗机的 F119 发动机是世界上第一种带二元推力矢量喷管的战斗机发动机。中国支线客机新舟 60 使用的就是普·惠公司生产的涡桨发动机。

法国赛峰集团下属的斯奈克玛公司主要从事航空动力和航天推进业务，产品包括一系列高效、安全、经济和低排放的民用发动机。20 世纪 70 年代，斯奈克玛公司和美国通用电气公司联合组建了 CFM 国际公司。

俄罗斯最具实力的航空发动机设计制造企业“留里卡-土星”，具备卓越的科研和生产制造能力，正积极推进第五代战斗机发动机的开发。苏-27系列飞机采用的正是“留里卡-土星”的AL-31F发动机。

中国地域广大，人口众多，必然会形成潜力巨大的民用航空市场。所以，中国发展大飞机产业，既是民族梦想，更是势在必行。

中国商用飞机有限责任公司于2008年5月11日在上海成立。首型国产中型客机命名为C919。据官方解释，其中C是China(中国)的首字母，第一个“9”的寓意是天长地久，“19”代表最大载客量为190座。

据媒体报道，“中国大型客机的研制，将以牢牢掌握自主知识产权为立足点，自主研制，突破核心技术和关键技术，同时充分利用国际资源。在大型客机初期将选择一些国外的产品，比如发动机，但同步安排国内的研制”。

飞机发动机，技术难度高，积累经验数据的周期很长，但是中国作为大国，必然要解决国产发动机的各项困难。这不再是一个梦想，而是现实的挑战！

此外，中国在新材料领域、特殊工艺、核心元器件等领域，短板很多，还需要埋头苦干。

中国的“软实力”与发达国家相比存在客观差距。

1949年以来，经过几代人的努力，我国总体的科技发展水平取得显著成就。1978年之后，我国推动实施了科教兴国、人才强国战略，引领我国高技术产业取得重大发展。我国近三年的高技术产业的总产值年增长均超过20%。

瑞士洛桑国际管理发展学院（IMD）公布的《2008国际竞争力年度报告》显示，中国的科学竞争力和技术竞争力在55个评比对象国当中排第17位。从R&D经费占GDP的比例、每万个劳动力中从事R&D活动的科学家与工程师的比例、科学研究产出等指标对比，我国科学研究的总体水平还处于全球第二梯队。时隔十年的《2018全球竞争力年报》显示，中国连跳5级，跃居第13位。IMD的数据未必完整可靠，但是从一个指标化的维度，告诉我们前路漫漫，尚需努力。

习近平总书记在主持中央政治局2013年第十二次集体学习时指出，提高国家文化软实力，关系“两个一百年”奋斗目标和中华民族伟大复兴中国梦的实现。

但从文化软实力层面讲，我们还需要努力传播当代中国价值观念、努力展示中华文化独特魅力、努力提高国际话语权。文化软实力的建设，不是单靠一个IP、一部书、一部电影、一个获奖纪录片或一个故事能完成的，它是一个长期的、漫长的发展与进化历程。只有真正做好了民族的，才能最终成为世界的。

近年来，我国出现了一批生动活泼的创意产业集群。例如，北京的中关村、上海的张江、深圳的南山区等以IT产业为产业支撑的高科技园区；一些高等院校、高科技企业周边形成的产学研相结合的科技产业园；北京、上海、广州等城市还规划建设了一批创意产业园区。

但是，我国创意产业链存在条块分割的行政区经济现象，一地一块，跨地域产业链整合难度很大，由此出现了产业布局雷同的现象。

“小而全”的各类产业园区，导致土地资源浪费。例如，我国动漫产业目前已经超过 4 000 家企业，但是规模都很小。日本的动漫产业占全世界 70%以上的市场规模，但是日本的动漫园区才 1 300 多家。韩国动漫企业大约 250 家，动漫专业人员近 2 万名。我国目前开设动画专业的学校超过 450 所，在校生则超过 40 万人，是韩国动漫从业人员的 300 倍。

在创意集群定位和选题方面，也存在“一哄而上”的现象。例如全国宣布要建“动漫之都”的城市就达 20 多个。30 多个省市自治区有超过 500 个创意园区。

从单一产业看，如发展芯片产业，各地都要申报项目、包装专家，力争上游，但是芯片产业门槛很高，很多地区并不具备发展芯片产业的条件。我国数字电视产业整合一直没有进入最终全国一张网、一盘棋的实施阶段。另外，客观上也难以避免行业争利导致跨行业融合进展缓慢的问题。

以三网融合为例，2008 年 1 月份，国务院 1 号文件转发了国家发改委等 6 个部门《关于鼓励数字电视产业发展的若干政策》，该文件鼓励数字电视产业发展的若干政策，要求有关部门加强宽带通信网、数字电视网和下一代互联网等信息网络资源的统筹规划和管理，促进网络和信息资源共享。2010 年，国务院相继公布《推进三网融合总体方案》《三网融合试点方案》等文件，目的是务实解决我国三网融合中跨行业融合中的问题和矛盾，促进新型产业与新业态发展。为促进我国三网融合，2010 年 6 月 30 日，我国公布了首批 12 个三网融合试点城市；2011 年 12 月 30 日，我国公布了第二批 42 个三网融合试点城市。但是，目前，在三网融合的过程中，还面临诸多矛盾。这些矛盾的解决，既要发挥政府的协调作用，也需要发挥市场机制的作用，通过做大产业规模，促进商业模式的创新。

"中国智造"已经成为民族使命。

经济增长的方式可归纳为两类：其一，凭借生产要素投入量的增加来增加产值，这是一种传统的、也被视为早起粗放型经济增长模式；其二，依靠提高生产要素使用效率和组合价值的集约化的经济增长模式。集约化增长是在新的科学和技术基础上，依靠科技进步和先进的组织体系、管理方法，从而提高劳动生产率，增加产品价值和效益的一种经济增长方式，是最可持续发展的经济增长模式。

技术进步本身蕴含着经济增长的潜力。新古典经济增长理论代表罗伯特·索洛认为，可以用技术和传统投入及其之间的相互作用来实现经济增长。保罗·多默认为创意和物质要素是两种不同类型的生产投入，其中创意是可以不断积累的非竞争性知识，物质要素是具有质量的竞争性商品。

从一个长期的视角观察世界经济的增长，需要关注到创意经济作为一个自成系统的组织体系的作用机制。创意经济体系包括了人、企业、政府等主体系统，产业布局及创意资源集聚的空间系统，以及体制与机制等外在的组织管理系统。我们亟待打开这一系统，探究其奥秘。

简而言之，就是要实现"中国制造"向"中国智造"的转型。

制造业是国民经济的主体，是立国之本、兴国之器、强国之基。世界强国的兴衰史一再证明，没有强大的技术实力和系统化、高质量的制造业，就没有国家和民族的安全与强盛。打造具有国际竞争力的制造业，是我国提升综合国力、保障国家安全、建设世界强国的必由之路。

中华人民共和国成立之初，百废待兴，工业体系与美国、英国、法国、德国、日本、苏联等国家根本没有可比性，在很多领域甚至是白板。

在苏联老大哥的帮助下，我国通过三个五年计划，逐步推进工业化体系的建设。但是，到 1960 年前后，中苏关系恶化，苏联撤走在华专家，中国工业进入了自主创新的艰难时期。

根据新的世界形势，中国将“三线建设”提上议事日程，中国工业从东部、东北部向中部、西部转移，基本形成了我国军事工业、民用工业的全国化布局。

1978 年改革开放，我国制造业持续快速发展，建成了门类齐全、独立完整的产业体系，有力推动工业化和现代化进程，显著增强综合国力，支撑世界大国地位。然而，与世界先进水平相比，中国制造业仍然大而不强，多而不优，在自主创新能力、资源利用效率、产业结构水平、信息化程度、质量效益等方面差距明显，转型升级和跨越发展的任务紧迫而艰巨。

要冷静客观地看到，一方面“中国制造”的全球影响力在提升，但是在新一轮全球经济发展进程中，亟待提升“中国设计”“中国创造”

产品的比例。从“中国制造”到“中国智造”的转变是一个系统化的经济增长模式转型。无论是我国的高科技产业，还是我国的内容产业，都还远远落后于部分发达国家。中国科技、文化的发展，必须最终“走出去”，实现全球化发展，改善中国在国际产业链上的分工地位，更是要发挥中国在服务全球中的作用。

## 二、科技的跨越

科技人力资源主要包括 R&D 科学家工程师和高技能人才。

R&D 科学家工程师既包括本国科研人员，也包括为本国服务的外国外籍科研人员。科学家拥有超人的“动脑”的天赋、科学研究才能以及后天完善的教育培养，在某些或某个领域具有领先全球的科研能力。这批人才往往具有超强的逻辑能力、创造能力和创新能力。

高技能人才具有“动手”的天赋，具有某一个领域的“特异功能”，能把一个元器件做到极致精准，把一个配方做到极限优化，把每个细节做到滴水不漏。

中国有超过 14 亿的人口，其中本科以上学历的人约占全国总人口的 4%，也就是约有 5 500 万人拥有大学本科文凭。据初步统计，我国目前具有硕士研究生学位的人才不到 900 万，具有博士学位的人才不到 80 万。

美国 2018 年人口达到了 3. 27 亿，其中 13. 1% 的人拥有硕士学位、专业硕士学位或博士学位，粗略计有 4 200 万。

科学才能指数是指从事科技活动人员总量占当年就业人员总量的比重。我国科学才能指数不及美国、日本、德国、英国,更达不到瑞士、韩国、新加坡这些国家的水平。

科技指数可以通过 R&D 经费支出量、R&D 指数来测度。R&D 经费支出量指统计年度内全社会实际用于基础研究、应用研究和试验发展的经费支出。具体包括实际用于研究与试验发展活动的人员劳务费、原材料费、固定资产购建费、管理费及其他费用支出。R&D 指数是指某年用于 R&D 的支出占当年 GDP 的比重。

我国的科技竞争要拼钱多、拼人头数,可以取得一定的效果。但是这个方法并不符合科技发展的客观规律。科学技术的发展,是一个系统工程。当下,我们在科技人才队伍建设方面的挑战是非常客观而现实的。

过去 70 年,我们在基础科学方面显然是落后的。这个也是“钱学森之问”提到的一个方面。“钱学森之问”是对我国基础教育、基础科学研究的一大拷问。

在应用技术方面,除了国家重点扶持的项目外,我国在 1978 年后的 40 多年取得了瞩目的成就,中国出现了华为、中兴这样的通信产业集团,出现了阿里巴巴、腾讯这样的大型生态型企业。

世界知识产权组织(WIPO)2019 年 19 日公布了全球企业 2018 年国际专利注册申请数据,中国以 53 345 项专利数在国家排名中位列第二(年增长 9.1%)。排在第一位的是美国 56 142 项,第三名是日本 49 702 项。

我们能否通过短期的 R&D 投入成为“短跑冠军”？可以。应用型科技研发，一般存在 3 年周期、5 年周期、10 年周期的规律。就算是美国登月计划，也不过是十年时间就成功了。不要排除任正非说的“压强原理”，在短期内集中投资、集中人才攻关，就有可能解决几个大项目、大应用，覆盖几个大赛道。

我国过去十年的 R&D 经费投入总额是不小的。2007 年，我国 R&D 经费投入总额达到 487.9 亿美元，超过英国（427 亿美元）和法国（475 亿美元），跃居世界第四位。美国、日本和德国分别以 3 437 亿美元、1 485 亿美元和 738 亿美元的 R&D 经费支出额高居世界前三位。2007 年我国 R&D 指数仅为 1.49%，居全球第 12 位。

到 2018 年，我国 R&D 经费支出为 19 657 亿元（约 2 800 亿美元），比上年增长 11.6%。R&D 经费投入强度（R&D 经费与 GDP 的比值）为 2.19%，连续 5 年超过 2%。2018 年我国 R&D 经费投入强度超过 2017 年欧盟 15 国平均水平（2.13%），相当于 2017 年 OECD35 个成员国中的第 12 位，正接近 OECD 平均水平（2.37%）。

2018 年，我国 R&D 投入的三大主体，企业、政府属研究机构和高等学校 R&D 经费分别比上年增长 11.5%、10.5% 和 15.2%，对 R&D 经费增长的贡献分别为 75.9%、12.4% 和 9.3%，企业依然是全社会 R&D 经费增长的主要拉动力量。

2018 年，我国基础研究经费为 1 090.4 亿元，首次突破千亿元，占 R&D 经费比重为 5.5%。高等学校、政府属研究机构和企业的基础研究经费分别为 589.9 亿元、423.1 亿元和 33.5 亿元，分别比上年增长 11.1%、10.1%和 15.7%。

我国 R&D 经费投入强度与美国(2.79%)、日本(3.21%)相比仍有较大差距,我国形成关键核心技术、解决"卡脖子"问题的重要科技成果仍不足。

由此可以看到几个要点。中国在 R&D 经费投入强度方面的决心是很大的,下一步主要跟进美国、日本、欧盟。中国 R&D 经费投入的结构也符合全球的规律,基础研究主要在高等院校、国有科研机构与企业的科研投资,多种方式并举。企业的科研投入更加接近产出端,所获得的直接产值贡献是最大的。

任何国家的科技发展无法跨越人才、投资、科研转化为核心竞争力这些方面。中国科技的"跨越"机会是很明显的。一是继续加大投资,除了持续增长的 R&D 投资强度,还要继续鼓励有实力的企业加大科研投资,要吸引全球的资金来中国投资高新技术产业。二是在人才培养方面只能前进,不能后退。教育是"吃中药",引进人才是"吃西药",要中西医结合,特别是要引进全球领军人才、尖端人才、核心人才还有很多体制机制需要突破。在 R&D 投资的绩效及其管理方面,国内始终存在讨论甚至争议,还有可以创新体制机制的空间。

## 三、文化的弘扬

如何弘扬中华文化?这些基本的问题值得注意。

一是抓住中华文化的"天人合一"的哲学思想内核,不怀疑,要自信。对比西方哲学，中华文化在“天人合一”的整体哲学观下，动态实现二元协调，建立了自成体系的宇宙观、自然观、社会观、发展观。“天人合一”哲学思想所展示的哲学逻辑、数学逻辑和思维模式源远流长。中华文化本来就不存在重新创造的问题，是存在“因势利导”的发展问题。那么“势”是什么？今天的“势”、明天的“势”是什么？这些问题弄清楚了，才能明确如何“导”，以及“导”向哪里。

二是抓住中华文化的“势”“道”“术”。中华上下五千年，文字记载的历史三千年。中华文化是一个整体，如此博大精深，就算在当下，要在短期内砸钱砸出一批大师，也是不现实的。我们的文化建设，要盯准的是内部，不是外部。好莱坞好不好？日本动漫好不好？很好。但是，那不是中华文化的“道”，那是“术”，更不是“势”。

三是要用开放的“融合”来建构“文化盛世”。中华文化本身的厚度、深度，所产生的包容力，创造力，可以支撑中华文化“振兴”的自信。

四是技术+IP 整合的产业化路径。产业化的文化，才是当今世界的文化竞争要点，只有民族的文化，才是世界的。美国的历史远不如中国的历史，所以美国的 IP 是“拿来主义”，创造的是面向未来的 IP。中国落后的只是文化技术和文化产业机制，未来完全可以通过技术进步和传统文化 IP 的创新表达，做出符合文化产业规律的大文化。

## 四、改革深水区

我国改革需要从深层次上解决一些成体系的问题,方能改进新型生产关系,释放新的生产力,进一步促进经济社会的更好发展。这里笔者选择几个主要的话题来讨论。

其一,中国教育体系与人才选拔流动机制的革新。

国家选择什么样的教育模式?选择什么样的人才选拔机制?这是几千年来人类共同面对的问题。

中国古代有公学,也有私学。《学记》追述西周的学制说:“古之教者,家有塾、党有庠、术有序、国有学。”当时,学在官府,官师合一,塾的主持人是年老告归的官员,负责在地方推行教化。人们一般都认为孔子在家乡开办的私学即是私塾。

随着社会形势的变化,汉武帝采纳董仲舒的建议,实行“罢黜百家、独尊儒术”的文教政策。以传递儒家文化为己任的私塾从此在社会上站住了脚跟,虽历经战乱而绵延不绝。隋唐时期,科举制度的出现推动了私塾的发展。当时,科举考试主要是围绕儒家经典“五经”展开的。明清科举考试的重心向“四书”倾斜,而“四书”同样属于儒家经典的范围。

宋明理学家注重对儿童进行蒙学的伦理教育。宋明理学的兴起,促成了族塾义学的兴盛,蒙学的传承也没有中断,《三字经》《百家姓》《千字文》等“教材”在流传的过程中逐渐得到社会的认可,成为最常见的儿童识字用书。《论语》《孟子》等经典读物也变成蒙学教材的一部分。私塾还根据不同人的学习基础、接受能力安排课业，同堂不同级，体现了因材施教的原则。

九品中正制度、科举制度是中国古代很有代表性的人才选拔制度。

九品官人法中正制的具体内容是在全国各州设大中正，各郡设小中正。大、小中正，相当于“考区专员”。中正负责对各州郡的人才在品、状、家世三个方面进行评举，评举结果分为九等，最终由吏部尚书选用。由于“考官”和评价标准等原因，评举出来的人才几乎多是士族子弟，出现了“上品无寒门，下品无贵族”的局面。这一模式显然存在弊端。

隋炀帝“置明经、进士二科”，这是科举制度真正的起源。唐朝建立之初，为了吸收中小地主阶层中的知识人才，曾经一度沿用隋朝科举制度。唐高祖“武德四年，复置秀才、进士两科”，并于武德五年即正式开科取士。唐太宗励精图治，不断对唐朝的各项政策、制度进行改革，科举制度逐渐成熟完善起来。

由于唐代以来官学、私学教育的不断昌盛，培养了大量具有较高文化素质的人才。唐代的科举分常举、制举两种。所谓常举是指每年分科举行的科举；制举是指由皇帝临时下诏举行的科举。

科举制度是使天下英才为国家效力的手段。科举制度不但影响了中国历代的政治进程，还塑造了中国古代知识分子的价值取向、文化心态及性格特征。许多对中国古代的文化、政治、经济产生重大影响的人物，都出自参加科考的仕人行列，许多政治家、军事家、文学家、史学家等都是通过科举考试而跻身于社会上层，并由此获得了为国家作贡献的条件。

随着封建制度的不断没落，科举制度的消极因素也不断表露出来。到明清两代，科举制度开始渐渐僵化，八股文使得许多读书人根本不知天下大事、国计民生，从而使科举制度下产生的官僚的职责水平大打折扣。科举制度最终成了禁锢知识分子思想，摧残人才的工具。

苏维社会主义共和国联盟 1922 年建立，1991 年底解体，1989 年的人口有 2.8 亿。苏联解体前的教育体系包括学前教育、普通教育、职业技术教育、中等专业教育和高等教育。

苏联的高等学校有综合大学、多科性工学院和专业学院，培养高级专业技术人员，为五年制至六年制，夜校和函授延长一年。有条件的高校设研究生部，培养高校教师和科学研究人员。1988 年至 1989 学年，苏联有普通学校 13.5 万所、学生 4 413.6 万人，职业技术学校 7 959 所、学生 413.5 万人，中等专业学校 4 517 所、学生 437.2 万人，高等学校 898 所、学生 499.9 万人。1988 年苏联教育主管部门为国家国民教育委员会，地方设教育局，领导和监督本地区教育。1985 年，苏联的教育经费为 384 亿卢布，占国家预算支出的 9.93%。

美国当前的教育行政制度仍是地方分权制。联邦教育部没有直接领导教育的权力，但通过制定教育法规、教育经费的拨发来控制各州教育。州教育委员会是州的教育决策机关，确定州的教育政策、组织机构、行政管理、课程设置、学制等。

美国学制由学前教育、初等教育、中等教育、高等教育四个阶段构成。学前教育基本上为三年，初等教育和中等教育共计十二年。高等教育有多种办学形式，多种学校类型和多个层次。美国的学前教育机构，主要有公立和私立的保育学校和幼儿园。美国的初等教育机构为公立和私立小学，公立约占 80%、私立约占 20%，学制有四年、八年和六年三种。其中六年制占大多数，八年制多设于乡村。美国中等教育机构是中学。中学主要有四年制、六年一贯制和三三制。

美国高等教育数量多、层次多、形式多。基本上可分为三级结构：第一级结构的两年制初级学院，毕业后可得副学士学位；第二级结构的四年制综合大学和各种专业学院，毕业后可得学士学位；第三级结构为研究院和高级专业教育。研究生可在不同的年限与水平上攻读硕士、博士学位。

加拿大魁北克省是唯一个以英、法双语为主要交流语言的地区。由于受到英法文化交融的影响，该省的学制与加拿大其他省份的设置不同。魁北克的教育制度分五个阶段：幼儿园（1 年）、小学（6 年）、中学（5 年）、大学预科（2 年）、高等技术学院（3 年）和学士学位（3—4 年）、硕士（2 年）。

大学预科（简称 CÉGEP）是魁北克特有的教育设置。本地学生只有完成了预科才能进入大学拿到学士学位。一般来说，读预科的时长是两年，在此期间学生会根据自己的兴趣方向，进行重点选课，然后再申请入学大学。相当于把其他省份高中的最后一年和大学的第一年组成了预科。同时学生也可以选择读三年的预科，毕业之后相当于大专水平，拿到的是 DEC 学位。

一个国家或地区的教育制度，总体安排上并没有孰高孰低、孰好孰坏的问题，主要的区别在于：

一是学前教育、义务教育阶段的保障。中国目前的主要短板是，幼儿园和学校资源总量不足，在空间上分布不均衡。中国目前还处于城市化进程中，人口的流动性很大。这种情况下，一是要前瞻性地增加学校资源。例如，我们在城市化过程中，建设了很多大型集中居住的小区，但是周边没有匹配足够的幼儿园、中小学。这是一种缺乏统筹、短期行政决策带来的后果，需要统筹协调才能解决。另外，我们一直讨论、争议的“学区房”现象，是因为结构失衡、资源的空间分配不均造成的。这个需要较长期的过程来匹配调整。我们看到西方发达国家的相对均衡的状况，也是经过了很多年的调整、建设形成的。

二是高等教育目前采取高考“一考定终身”的选拔制度，是否存在对特殊人才选拔的“遗漏”。美国、加拿大的高考入学要看初高中长期的成绩，采取申报录取制度，这增加了复杂度和工作量，有利于匹配学生与高等教育的资源和需求。高考改革，呼声很高，相信也有改革的空间。值得借鉴的是，美国在不同地区实行不同的学制，这就实事求是考虑到教学资源、师资、进度的不同，给了学生更多的选择。

三是高级人才培育、选拔制度是否能为国家提供高精尖人才库。一是如硕士、博士研究生和科研人员的选拔录取的环节，二是博士、硕士的就业去向。从结果来看，美国、英国、日本、德国、法国这些国家的研究型人才的就业“对口率”比较高。这是一个比较深刻的课题，值得深度研究。

四是办学主体的多元化。我国目前私立教育的探索还不成熟。国外很多著名大学，都是私立大学，由很多大企业家捐资建设，由源源不断的社会捐助者提供资金。中国在这方面还有很大的潜力可挖。

其二，我国户籍改革进度如何匹配“人口流动”的现实与未来趋势。

自 1958 年 1 月《中华人民共和国户口管理条例》正式实施以后，中国户籍制度经历了一个较长期的改革、调整的过程。随着我国经济改革，我国户籍制度正成为社会力求变革、寻求机遇的一个突破口。通过户籍制度改革，可以促进地方引进人才和技术，激活地方经济，促进创业和就业。

1954 年，中国颁布实施第一部宪法，其中规定公民有“迁徙和居住的自由”。

1955 年 6 月，国务院发布《关于建立经常户口登记制度的指示》，规定全国城市、集镇、乡村都要建立户口登记制度，开始统一全国城乡的户口登记工作。

1956 年、1957 年，国家连续颁发 4 个限制和控制农民盲目流入城市的文件。

1958 年 1 月,以《中华人民共和国户口登记条例》为标志,中国政府开始对人口自由流动实行严格限制和政府管制,第一次明确将城乡居民区分为“农业户口”和“非农业户口”两种不同户籍。

1975 年,宪法正式取消了有关迁徙自由的规定,此后一直没有恢复。

1984 年,中共中央一号文件,允许务工、经商、办服装业的农民自带口粮在城镇落户。继而国务院又发出《关于农民进入集镇落户问题的通知》,允许农民自理口粮进集镇落户。

1985 年 7 月,公安部颁布了《关于城镇人口管理的暂行规定》,“农转非”内部指标定在每年万分之二。同时,作为人口管理现代化基础的居民身份证制度也在同样的背景下由全国人大常委会于 1985 年 9 月宣布实施。

1994 年,以居住地和职业划分农业和非农业人口,建立以常住户口、暂住户口、寄住户口三种管理形式为基础的登记制度,并逐步实施证件化管理。

1997 年 6 月,国务院批转了公安部《小城镇户籍管理制度改革试点方案和关于完善农村户籍管理制度的意见》,明确规定:从农村到小城镇务工或者兴办第二、三产业的人员,小城镇的机关、团体、企业和事业单位聘用的管理人员、专业技术人员,在小城镇购买了商品房或者有合法自建房的居民,以及其共同居住的直系亲属,可以办理城镇常住户口。

1998 年 7 月,国务院批转了公安部《关于解决当前户口管理工作中几个突出问题的意见》，凡在城市有合法固定的住房、合法稳定的职业或者生活来源，已居住一定年限并符合当地政府有关规定的，可准予在该城市落户。

2001 年 3 月，国务院批转了公安部《关于推进小城镇户籍管理制度改革的意见》，对办理小城镇常住户口的人员，不再实行计划指标管理。

2018 年，中共中央、国务院印发《乡村振兴战略规划（2018—2022 年）》提出："加快推进户籍制度改革，全面实行居住证制度，促进有能力在城镇稳定就业和生活的农业转移人口有序实现市民化。"

其三，如何更好地发挥"举国体制"的优势。

发挥"举国体制"的优势，"集中力量办大事"，已经成为我国重大科技攻关项目的一大经验。我国在完成国计民生重大科技项目（如"两弹一星"项目、863 重点项目）时，采取"集中力量办大事"的模式，屡次完成重大项目攻关。这从某个方面讲是我国制度优势的重要体现。从第一颗原子弹研发成功到第一颗氢弹研发成功，美国用了 7 年，英国用了 5 年，法国用了 8 年，苏联用了 4 年，而中国只用了 2 年多的时间。

科研界有个说法是"顶天立地"，基础研究是"顶天"，成果转化是"立地"。党的十九大报告提出，加强应用基础研究，拓展实施国家重大科技项目，突出关键共性技术、前沿引领技术、现代工程技术、颠覆性技术创新，为建设科技强国、质量强国、航天强国、网络强国、交通强国、数字中国、智慧社会提供有力支撑。

其四，如何协调好个人、企业与“强政府”的关系。

“市场协调”与“政府协调”，两种手段、两种机制，相互影响、相互作用。政府的制度安排影响所有制结构和产权结构，政府的再分配行为将影响到公平性和合理性，政府行为可以影响到所有资源和要素的空间流动。

我国在“强政府”制度环境下的科学技术发展，与欧美市场经济环境下的情况必然不同。

一是怎么花钱的问题。例如对 R&D 投入的强度和方向的安排，对投入项目的过程与绩效的管理。

二是怎么对待人才的问题。如对科研机构与人才的管理，人力资本战略、知识产权界定、企业组织投入配套与引导、国际化合作、人力资本国际化、人力资本跨区域服务的问题。

三是投入风险管理问题。

四是对特定科技创新区、创意园区的规划、部署、建设问题。

五是国有科技企业如何走出国门，去参与国际竞争的现实问题。

六是意识形态管理，与宽容的科研氛围协调的问题。

七是相关法律法规细则与落实问题。

创意经济增长理论让我们看到了“技术”“创意”“知识”之于经济增长的内生驱动作用。要激发出新创意，必须形成激励新创意出现的新的机制。国家对技术专利的保护，对知识产权的法律保护，是对国民创意的保障，也是激励，这直接关系到国民创意的力度、广度和深度。

## 五、争攀科技珠峰

### （一）芯片半导体

2019 年的公开数据显示，全球芯片行业厂商主要有三星、英特尔、德州仪器、东芝、意法半导体等，行业呈现高速集中的特征，格局相对稳定。2019 年全球半导体销售的预测排名前十五的公司中，美国有六家，欧洲三家，韩国、日本和中国台湾各两家。2019 年英特尔将以 69 832 亿美元位列第一，其次是三星和台积电。欧美的芯片半导体产业形成相互整合的联盟霸主格局，其中美国是当仁不让的龙头老大。

台积电已经上线了 7 nm 级芯片生产工艺，超过三星，首批客户就是华为。中国大陆的中芯国际具备 28 nm 级芯片生产工艺，14 nm 级芯片的生产线在全面推进。

光刻机是芯片制造的核心设备。荷兰阿斯麦尔（ASML Holding N. V）为半导体生产商提供光刻机及相关服务，它们生产的 TWINSCAN 系列是目前世界上精度最高，生产效率最高，应用最为广泛的高端光刻机型。目前全球绝大多数半导体生产厂商，都向阿斯麦尔采购 TWINSCAN 机型，比如英特尔（Intel）、三星（Samsung）、海力士(Hynix)、台积电(TSMC)、中芯国际(SMIC)等。阿斯麦尔总部位于荷兰艾恩德霍芬(Veldhoven),是欧洲人均科研经费排名第二的高科技公司。

美国应用材料公司创立于1967年,总部位于美国加利福尼亚硅谷,它占据了全球离子注入机70%的市场份额。2017年8月我国有了第一台国产离子注入机商用机。

芯片制造的辅助材料是光刻胶,日本信越、美国陶氏等企业在光刻胶市场上占有垄断优势,中国科创板已有光刻胶企业上市。

中国不仅在材料、设计、制造设备、元器件、辅助材料等领域需要进行艰难地学习,而且还面临下一步突破性技术带来的挑战。

美国劳伦斯伯克利国家实验室曾宣布,将现有最精尖的晶体管制程从14 nm缩减到了1 nm,其晶体管是由碳纳米管掺杂二硫化钼制作而成。不过这一技术成果仅仅处于实验室技术突破的阶段,目前还没有商业化量产的能力。

美国还有科学家在研发DNA基因芯片。美国生物化学家詹姆士·麦克阿瑟,首先构想把生物技术与电子技术结合起来。他根据电脑的一进制工作原理,发现血红蛋白也具有类似"开"和"关"的双稳态特性。当改变血红蛋白携带的电荷时,它会出现上述两种变化,这就使人类有可能利用血红蛋白构成像硅电子电路那样的电路。麦克阿瑟首先利用生物工程的重组DNA技术,制成了血红蛋白"生物集成电路",使研制"人造脑袋"取得了突破性进展。此后,生物集成电路的研究便逐步展开。美国科学家在硅晶片上重组活细胞组织获得成功。

德国科学家研制成的聚赖氨酸立体生物晶片，在 1 立方毫米晶片上可含 100 亿个数据点，运算速度比现有的电脑快近 100 万倍。

DNA 分子链是以 ATGC 为配对原则的，它采用微电子芯片的光刻技术，将大量特定顺序的 DNA 片段有序地固化在玻璃或者硅片上，从而构成储存有大量生命信息的 DNA 芯片。DNA 芯片，是近年来在高新科技领域出现的具有时代特征的重大技术创新。每一个 DNA 就是一个微处理器。DNA 计算速度是超高速的，理论上计算，它的运算速度是硅芯片运算速度的 1 000 倍。而且，DNA 的存储量是很大的，每克 DNA 可以储存上亿个光盘的信息。不过，目前的主要难点是解决 DNA 的数据输出问题。

我国国务院印发的《集成电路产业发展纲要》明确提出，2030 年，中国集成电路产业链主要环节要达到国际先进水平，一批企业要进入国际第一梯队，产业要实现跨越式发展。

### （二）人工智能

机器能否像人一样获得“意向”（intentionality）、“意识”（consciousness），乃至“意志”（free will）。所谓意向，就是心智（mind）在场并表达、代表事物的能力；所谓意识，就是知道“自我”；所谓意志，就是自主选择。著名哲学家约翰·塞尔（John Searle）把拥有意向、意识、意志的机器智能叫作强人工智能（strong AI），而没有这些，只会计算、推断和解决具体问题的机器智能叫作弱人工智能（weak AI）。

人工智能的核心能力在于算法、算力及应用工程等方面。

未来人工智能产业的走向取决于算法的进步。目前我国在工程学算法、深度学习、神经网络模型等方面进展很快,基于认知层面的算法水平还亟待提高,这也是未来竞争的核心领域。

2013 年至 2018 年,全球人工智能领域的论文文献产出共 30.5 万篇,其中,中国发表 7.4 万篇,美国发表 5.2 万篇。

算力也是目前人工智能企业竞争的一个重点方向,中国在计算机视觉、智能语音等商业化的人工智能技术领域也有完整的布局。

腾讯、阿里巴巴、百度、华为阵列,在软硬件、数据等领域具备先发优势;科大讯飞、格灵深瞳、融合现实、旷视科技阵列,主要布局图像识别、计算机视觉、语音识别等领域;地平线机器人、华为、小米等企业在深入研发硬件应用。

国务院印发的《新一代人工智能发展规划》提出,到 2020 年,中国的人工智能总体技术和应用与世界先进水平同步,核心产业规模超过 1 500 亿元,到 2025 年,中国的人工智能核心产业规模超过 4 000 亿元,到 2030 年,中国的人工智能理论、技术与应用总体达到世界领先水平,核心产业规模超过 1 万亿元。

**(三)量子信息科学**

1900 年,德国物理学家、量子力学之父普朗特(Max Planck)创立量子理论。种种迹象表明,量子信息科学(Quantum Information Science,简称 QIS),尤其是量子互联网竞争不可回避了。

量子信息科学主要是由物理科学与信息科学等多个学科交叉融

合在一起所形成的一门新兴的技术科学。量子信息科学主要包括量子电子信息科学、光量子信息科学和生物光子信息科学。其中，光量子信息科学是量子信息科学的核心和关键。

美国政府希望能在量子信息科学领域发挥领导作用，从而释放本国经济增长、技术进步和国家安全的巨大潜力。2020 年 2 月，白宫发布了一份由国家量子协调办公室（NQCO）撰写的文件《美国量子网络战略构想》（*A Strategic Vision for America's Quantum Networks*），提出美国将汇聚联邦机构、学术界和业界领袖的科研力量，促进量子互联网发展，确保量子信息科学惠及大众。

1969 年美国国防部高级研究计划局（DARPA）演示了首个计算机网络 ARPANET，推动了后来的互联网诞生。那时候我们都没想到，它会成为未来推动经济增长、提高生活质量的最强引擎。因此，美国联邦政府希望如同当年一样，在推动早期量子信息科学研究、引导国家研发活动时发挥至关重要的作用。

美国将探索如何构建量子互联网——一个由量子计算机和其他量子设备组成的庞大网络，从而催生新技术、加速互联网发展、提高通信安全性，并在计算方面取得巨大进步。

未来 5 年，美国企业、实验室将展示实现量子网络的基础科学和关键技术，从量子互连、量子中继器、量子存储器、高通量量子信道，以及洲际天基纠缠分布。同时，为保证商业、科学、卫生和国家安全利益，将查明这类系统的潜在影响和改进应用。

未来 20 年，量子互联网链路将利用网络化量子设备，实现经典技术无法实现的新功能，并增进对纠缠作用的理解。

同时，美国量子网络战略构想也建议开展下列6个项目：开发关键部件的技术和平台，包括经典源、量子受限探测器、超低损耗互连、空对地连接、经典网络和网络安全协议以及规模成本；将量子源和信号从光学和电信波段转移到量子计算机相关波段（包括微波）；产生纠缠和超纠缠态，传输、控制和测量量子态；开发与基于光学或电信波长的光子基量子位兼容的量子存储器和小规模量子计算机；探索小规模和大规模量子处理器之间远程纠缠的新算法和应用，包括量子纠错、量子云计算协议和新的量子感测模态；探索地面和天基纠缠分布技术。

近年来，美国在量子信息科学领域动作频频。

2018年6月，白宫国家科技委员会（NSTC）成立量子信息科学委员会，协调联邦政府关于量子信息科学的研发活动。

2018年9月，量子信息科学委员会在白宫峰会上发布《国家量子信息科学战略概览》，提出6点建议，包括量子信息科学教育应从小学开始；同时，美国能源部宣布将成立多个国家级实验室，并加大资金投入。

2018年10月26日，美国初创公司表示，已接入沿美国东海岸运行的500英里光纤电缆，为美国创造首个州际、商用量子密钥分发网络，至此，美国第一个大型量子互联网项目已初具雏形。

2018年12月，美国总统特朗普签署了《国家量子倡议法案》（NQIA），该法案提出，将实施为期10年的“国家量子倡议项目”，旨在通过增加联邦投资与协调，加快量子信息科学的研发，确保美国在量子信息科学技术应用领域处于持续领先地位。

在中国，中科院院士潘建伟带领的团队也介入了相关研究。2016 年 11 月 5 日，潘建伟表示，中国计划用 15 年左右的时间构建天地一体的有量子通信安全保障的未来互联网，即量子互联网。有媒体报道，2020 年 2 月，潘建伟团队、包小辉团队在实验室中实现了长距离的量子纠缠，两种实验方案分别实现了 22 公里和 50 公里的量子纠缠，创造了世界纪录。

2018 年 6 月，由荷兰代尔夫特理工大学和荷兰应用科学研究机构（TNO）共同运作的量子科学顶尖学术机构成功使两块量子芯片产生量子纠缠。研究员开发了一组新型智能通信协议，可根据需要产生量子纠缠并提供保护。当时不少人都认为荷兰有望率先创建世界上首个量子互联网。

在量子信息技术发展、量子互联网创新方面，中国没有缺席，竞争可期。

**（四）可控核聚变**

人类社会运转所需的能源，煤、石油、天然气、风能等等，其本质都是太阳能，太阳上的能量来自其内部的核聚变反应。煤炭、石油、页岩气、可燃冰等工业化石能源不可再生，也存在污染。核裂变能也存在着反应原料（铀等）有限、核废料放射性污染的问题。

人类一直希望通过可控核聚变反应，来创造出“人造太阳”，从而获得源源不绝的能源。可控核聚变所需的反应原料（氘原子和氚原子),在地球上非常丰富。氘在海水中储量极大,1 公升海水里提取出的氘,在完全的聚变反应中可释放相当于燃烧 300 公升汽油产生的能量;而氚可通过中子与锂反应生成,在地壳和海水中,锂都是大量存在的。可控核聚变的产物为氦和中子,不排放有害气体,也几乎没有放射性污染,具有环境友好的优点。

核聚变能一旦实现和平利用,地球上的能源将取之不尽用之不竭,因能源短缺带来的社会问题可得到彻底解决,人类海水淡化、星际飞船这类工程就可以得到推进。

2020 年 1 月 8 日,《人民日报》海外版发布了中国可控核聚变的重要部件——“中国环流器二号 M 装置真空室”吊装的进展图片,消息令人振奋。

在地球上利用核聚变能,要求在人工控制条件下,等离子体的离子温度达到 1 亿摄氏度以上。现在地球上还没有任何材料可以把 1 亿度高温的等离子体直接包裹起来。科学家想出了用强磁场来约束高温核聚变燃料的办法。

从 20 世纪 50 年代开始,英、美、苏等国科学家前赴后继,竞争延续到了 60 年代,最终由苏联科学家提出的托卡马克方案异军突起,效果惊人,国际聚变界的重点研究方向随之转向了托卡马克方案。

托卡马克核聚变,也称超导托卡马克可控热核聚变(EAST),是核物理学重要理论之一。托卡马克核聚变是一种利用磁约束来实现受控的核聚变。最初是由苏联库尔恰托夫研究所的阿齐莫维齐等人在 20 世纪 50 年代发明的。托卡马克核聚变的中央是一个环形的真空室，外面缠绕着线圈。在通电的时候托卡马克的内部会产生巨大的螺旋形磁场，将其中的等离子体加热到很高的温度，以达到核聚变的目的。

早在1955年，钱三强和刚留美归来的李正武等科学家便提议开展中国的"可控热核反应"研究，这与国际社会关注核聚变几乎同步。

1965年，根据国家"三线"建设统一规划，在四川省乐山市郊区，建立了当时中国最大的核聚变研究基地——西南物理研究所，这也是中核集团核工业西南物理研究院的前身。

1984年中国自主设计、建成"中国环流器一号"(HL-1)，这是中国核聚变领域的第一座大科学装置。1995年中国第一个超导托卡马克装置HT-7在合肥建成。2002年中国建成第一个具有偏滤器位形的托卡马克装置"中国环流器二号A"(HL-2A)。2006年，世界上第一个全超导托卡马克装置东方超环首次等离子体放电成功。2020年投入运行的"中国环流器二号M"装置是中国规模最大、参数最高的磁约束可控核聚变实验研究装置，其等离子体体积为中国现有装置的2倍以上，离子温度达到1亿摄氏度以上，可将电流从中国现有装置的1兆安培提高到3兆安培。

2006年，国际热核聚变实验堆(ITER)计划签署，由中国、美国、欧盟、俄罗斯、日本、韩国和印度七方参与，计划在法国南部普罗旺斯地区共同建造一个世界上最大的托卡马克装置。ITER是目前全球影响最深远且最大的国际合作项目之一，也是中国以平等身份参加的最大国际科技合作项目。其中，中国承担了大概9%的采购包研发任务。目前中国承担的 ITER 采购包,不管是在研发进度还是在完成质量方面,都处于七方的前列。2019 年 9 月 30 日,ITER 主机安装一号合同在北京签约,由中核集团牵头的中法联合体中标该工程。这也标志着我们国家在核电事业,在核能工程的建设安装方面,达到了世界先进水平。

**(五)基因工程**

基因工程(genetic engineering)又称基因拼接技术和 DNA 重组技术。基因工程是在分子水平上对基因进行操作的复杂技术,是将外源基因通过体外重组后导入受体细胞内,使这个基因能在受体细胞内复制、转录、翻译表达的操作。

基因工程是生物工程的一个重要分支,它和细胞工程、酶工程、蛋白质工程和微生物工程共同组成了生物工程。它是用人为的方法将所需要的某一供体生物的遗传物质——DNA 大分子提取出来,在离体条件下用适当的工具酶进行切割后,把它与作为载体的 DNA 分子连接起来,然后与载体一起导入某一更易生长、繁殖的受体细胞中,以让外源物质在其中“安家落户”,进行正常的复制和表达,从而获得新物种的一种崭新技术。

1974 年,波兰遗传学家斯吉巴尔斯基(Waclaw Szybalski)称基因重组技术为合成生物学概念,1978 年,诺贝尔生理学或医学奖颁给发现 DNA 限制酶的纳森斯(Daniel Nathans)、亚伯(Werner Arber)与史密斯(Hamilton Smith)时,斯吉巴尔斯基在《基因》期刊中写道:“限制酶将带领我们进入合成生物学的新时代。”2000 年,国际上重新提出合成生物学概念，并定义为基于系统生物学原理的基因工程。

基因工程的正面发展，可以帮助人类消除很多由于基因缺陷导致的恶性疾病。

人们也提出疑问，基因工程可以推进人类进化吗？20 万年前的智人的大脑与我们现代人类的大脑并没有太大的差距。20 万年来，人类能力已经有了极大的延伸，但是人类最根本的基因并没有得到进化。我们是否可以借助基因技术来加速人类的进化呢？

也有很多对基因技术的担忧。但是，基因工程肯定会成为一个大方向。基因的选择和人类的进化是大自然漫长的一个演化过程。

中华民族是一个历史悠久，对人类文明作出过巨大贡献的民族。中华文化“天人合一”的哲学，符合宇宙形成与大自然运行的规律。21 世纪，我们还面临很多困难和风险，但是我们也要发挥中华文化的优势，为解决人类普遍问题作出探索。

# 第十章 | 典型案例

顺应社会的潮流和事物的关系，才是企业得以发展的方式。智慧、时间、诚意都是企业的另一种投资。人才是企业成败的关键，唯有顺其自然，不凭自己的好恶用人，容忍与自己个性不合的人，并尽量发挥其优点，才能造就人才。

——松下幸之助

在近代以前，亚历山大港、罗马、雅典、长安、洛阳、开封、北京、伦敦、巴黎等城市都曾在某个历史阶段格外耀眼。这些城市，吸引着梦想家去学习、考察、旅游、交流、创业。

在第二次世界大战以后，也崛起了一些令人向往的去处：纽约、波士顿、伦敦、东京、巴黎、柏林、北京、上海、深圳、杭州、香港、台北、孟买等等。

## 一、硅谷传奇

2007年，我随某互联网考察团去美国硅谷考察，那里是坚信科技创新的年轻人的梦想之地。

众所周知，美国硅谷是世界高新技术产业基地与半导体人才的摇篮。谷歌、脸书、惠普、英特尔、苹果，好几个超级大公司都在硅谷。硅谷，是一部神话，一部传奇。总结硅谷之所以为硅谷的文献汗牛充栋。归纳起来，原因有：硅谷具有得天独厚的地理环境，气候宜人；交通便利；美苏争霸时期的订单刺激；创新的文化和环境等。不过，这些都不是硅谷形成的根本原因。

多年来，通过与来自硅谷的朋友、合作伙伴交流，通过阅读硅谷企业家的故事、参加他们的产品发布会、听乔布斯这些大神演讲、看TED的演讲，结合自己在中国国有企业工作和自己离职创业的几年经历，我坚定地认为：硅谷的核心是“人”！

就拿硅谷的半导体产业发展为例。

仙童半导体公司创立于1957年，一度是世界上最大、最富创新精神的半导体生产企业。这家公司为硅谷孕育了成千上万的技术人才和管理人才，可以说是电子产业的“西点军校”。一批又一批精英人才从这家公司走出，书写了硅谷一段辉煌的历史。

1955年，“晶体管之父”肖克利博士离开贝尔实验室返回故乡尼圣克拉拉，创建了“肖克利半导体实验室”。第二年，八位年轻的科学家从美国东部陆续到达硅谷,加盟肖克利实验室。他们是罗伯特·诺伊斯(Robert Noyce)、戈登·摩尔(Gordon Moore)、朱利亚斯·布兰克(Julius Blank)、尤金·克莱尔(Eugene Kliner)、金·赫尔尼(Jean Hoerni)、杰·拉斯特(Jay Last)、谢尔顿·罗伯茨(Sheldon Roberts)和维克多·格里尼克(Victor Grinich)。他们的年龄都在30岁以下,风华正茂,学有所成,处在创造能力的巅峰。

问题来了!肖克利是天才的科学家,却缺乏经营能力。特曼曾评论说:“肖克利在才华横溢的年轻人眼里是非常有吸引力的人物,但他们又很难跟他共事。”八位青年在诺依斯带领下,向肖克利递交了辞职书,肖克利怒不可遏地骂他们是“八叛逆”。

“八叛逆”最终找到一家地处美国纽约的摄影器材公司,已经60多岁的老板费尔柴尔德先生提供了3 600美元的种子基金来支持他们创业,现在看这属于内部创业。老板要求他们开发和生产商业半导体器件,公司享有两年的购买特权。这就是仙童半导体公司的前身。

1960年,仙童半导体公司取得进一步的发展和成功。母公司费尔柴尔德摄影器材公司决定以300万美元购买其股权,“八叛逆”每人拥有了价值25万美元的股票。到1967年,公司营业额已接近2亿美元。

问题又来了!母公司不断把仙童半导体创造的利润转移到母公司,去支持摄影器材业务。这显得有些不公平。“八叛逆”开始陆续负气出走。

金·赫尔尼、谢尔顿·罗伯茨和尤金·克莱尔首先成立了阿内尔科公司。据说，金·赫尔尼后来创办的新公司达 12 家之多。还有大批人才精英纷纷出走，自行创业。苹果公司乔布斯曾经形象地比喻："仙童半导体公司就像一棵成熟了的蒲公英，你一吹它，这种创业精神的种子就随风四处飘扬了。"

担任过仙童半导体公司 CEO 的查尔斯·斯波克 1967 年出走后，来到国民半导体公司（NSC）担任 CEO。他大刀阔斧地推行改革，把 NSC 从康涅狄格州迁到了硅谷，使它从一家亏损企业快速成长为全球第 6 大半导体厂商。

担任过仙童半导体公司销售部主任的桑德斯 1969 年带着 7 位仙童员工创办高级微型仪器公司（AMD），曾经是仅次于英特尔公司的微处理器生产厂商。1968 年，"八叛逆"中的最后两位罗伯特·诺依斯和戈登·摩尔，也脱离仙童公司自立门户，他们创办的公司就是大名鼎鼎的英特尔（Intel）。

著名畅销书《硅谷热》（*Silicon Valley Fever*）中写道："硅谷大约 70 家半导体公司中的半数，是仙童公司的直接或间接后裔。"

因为人才流失，仙童半导体最终无力回天。1979 年夏季，仙童半导体公司被法国外资接管，售价 3 亿 5 千万美元。

硅谷的半导体，离不开精英领军人才的振臂一呼，也离不开富有眼光的风险投资人的出钱出力。最终，是现代企业制度，将这些英才、专才、人才的力量转化为源源不断的创新产品，实现了硅谷半导体引领全球的繁荣局面。

美国人的“叛逆”精神，是创新精神的一个表现，“一言不合”就要另立山头，独立创业。除了前面的几位芯片半导体大神，自然还有乔布斯和马斯克等人。

苹果公司联合创始人史蒂夫·乔布斯（Steve Jobs），出生于旧金山。1976 年 4 月 1 日，乔布斯成立电脑公司，1977 年 4 月，在美国第一次计算机展览会展示了苹果Ⅱ号样机。1997 年，苹果推出 iMac。乔布斯被认为是计算机业界与娱乐业界的标志性人物，他经历了苹果公司几十年的起落与兴衰，先后领导和推出了麦金塔计算机（Macintosh）、iMac、iPod、iPhone、iPad 等风靡全球的电子产品，深刻地改变了现代通信、娱乐、生活方式。乔布斯同时也是皮克斯动画公司的前董事长及行政总裁。2011 年 10 月 5 日，乔布斯因患胰腺神经内分泌肿瘤病逝，享年 56 岁。

传奇人物还有谷歌的联合创始人拉里·佩奇和谢尔盖·布林。1998 年，互联网的狂热达到了巅峰，网络正处于“信息爆炸”状态，唯一的问题是怎样去查找信息。当时，还是斯坦福大学计算机专业研究生的拉里·佩奇和谢尔盖·布林，在大学宿舍里想出了在互联网上寻找信息的方法，他们决定放弃学业，将想法商业化。1998 年 9 月，布林从一位斯坦福校友那里顺利地拿到了一笔 10 万美元的投资。依靠这 10 万美元，在朋友的一个车库里，布林和佩奇开始了谷歌的征程。

马克·艾略特·扎克伯格（Mark Elliot Zuckerberg），1984 年 5 月 14 日生于美国纽约州，2004 年创办社交网站脸书（Facebook）。2019

年10月，扎克伯格位列福布斯美国400富豪榜第4名。2019年4月18日，扎克伯格上榜美国《时代》杂志2019年度全球百位最具影响力人物榜单。

埃隆·马斯克（Elon Musk）1971年6月28日出生于南非，现任太空探索技术公司（SpaceX）CEO兼CTO、特斯拉公司CEO、太阳城公司（Solar City）董事会主席。马斯克本科毕业于宾夕法尼亚大学，获经济学和物理学双学位。1995年至2000年，马斯克与合伙人先后创办了三家公司，分别是在线内容出版软件“Zip2”、电子支付“X. com”、国际贸易支付工具“PayPal”。2002年6月，马斯克投资1亿美元创办美国太空探索技术公司，出任首席执行官兼首席技术官。2004年，马斯克向特斯拉汽车公司投资630万美元，出任该公司董事长。2006年，马斯克投资1 000万美元与合伙人联合创办了光伏发电企业太阳城公司。2018年2月7日4点45分，太空探索技术公司的“重型猎鹰”运载火箭在美国肯尼迪航天中心首次成功发射，并成功完成两枚一级助推火箭的完整回收。2016年12月14日，马斯克荣获“2016年最具影响力CEO”荣誉。2017年12月4日，马斯克位列《彭博商业周刊》2017年度全球50大最具影响力人物榜单第43位。

要做好一个企业，首先要有领军人才。领军人才从创业之初，就起到了“聚才”和“聚财”的作用。其次，要有投资人，包括各种天使投资人、风险投资人、PE投资人。再次，要有一个人才圈子，有足够的流动人才，带着技术和经验，随处流动，随时优化重组成新的企业。

最后，就是要有独特的地理与人文环境，以及政府政策环境。各方面相得益彰，完美演绎了硅谷的神话。

## 二、德国科技

德国位于欧洲中部，国土面积 357 376 平方公里，截至 2019 年，有人口 8 288 万。全国土地面积一大部分用于农业，但德国从事农业工作的人口，仅占从业人员的 2% 至 3%。2019 年德国完成的名义 GDP 为 34 359. 9 亿欧元，按 2019 年全年欧元与美元的平均汇率折算约为 3. 85 万亿美元，超过印度、英国与法国，排在全球第四。据报道，按此计算 2019 年德国人均 GDP 接近 4. 63 万美元。德国经济研究所预测 2020 年德国经济将增长 1. 1%。

德国是全球八大工业国之一。鲁尔区是德国的传统煤钢工业区。慕尼黑（宝马汽车总部所在地）、汉堡、斯图加特（奔驰和保时捷总部所在地）、沃尔夫斯堡（大众汽车总部所在地）也形成了强大的制造业集群。柏林、莱比锡、德累斯顿则是德国东部的工业重镇。新兴工业集中在慕尼黑一带。德国的主要工业部门有电子、航天、汽车、精密机械、装备制造、军工等。德国产品以品质精良著称，技术领先，做工细腻，但成本较高。德国的工业品在世界享有盛誉，德国也是西欧最大汽车生产国。

查阅德国科技发展的历史，可以发现，从 1871 年德国成为统一的国家开始，就一直把教育、科学技术发展作为强国之道，2015 年德国研发经费首次达到 GDP 的 3%，是全球研发投入最多的 5 个国家之一，在能源、环境等未来重要领域的地位，仅次于日本和美国。

德国最近 10 年的高科技发展推进值得高度关注。2012 年，德国政府推出《高科技战略行动计划》，计划从 2012 年至 2015 年投资约 84 亿欧元，以推动在《德国 2020 高科技战略》框架下 10 项未来研究项目的开展。2012 年，德国联邦议院通过《科学自由法》，即《关于非大学研究机构财政预算框架灵活性的法律》，给予非大学研究机构在财务和人事决策、投资、建设管理等方面更多的自由。2013 年，德国联邦内阁通过《联邦政府航空战略》，以保持德国航空工业在欧洲乃至全球的竞争力。2013 年 4 月，在汉诺威工业博览会上，德国正式推出《德国工业 4.0 战略计划实施建议》，并将该战略作为经济领域的重点发展对象，旨在支持德国工业领域新一代革命性技术的研发与创新，确保德国强有力的国际竞争地位。德国联邦政府于 2014 年 9 月推出《新的高技术战略——创新为德国》，旨在把德国建设为世界领先的创新国家。

德国科技全球领先，尤其是在人工智能和机器人研究领域。

人工智能需要解决机器学习、人工智能自适应性等问题。人工智能机器人需要更多的传感器和自由度，因此结构也变得更复杂。在德国，科学家们过去从二维入手进行研究，现在已经实现向三维的延伸，就是要让设备、机器、汽车更具有智能，比如将人工智能与汽车、飞机、医疗设备、家电领域、农业机械等结合起来。德国制造的产品质量非常高，加上人工智能能带来更大的优势。同时，德国的“人机协作”研究已经进入全球前列。

德国人工智能研究中心(DFKI)是目前全球最大的 AI 研究中心,员工超过 800 人,有 23 个股东以及超过 80 家衍生公司。在 DFKI 的研究路线图中,排在首要位置的便是机器学习系统,即让人工智能自己去创造新的人工智能,它可以适应环境并改变自己。德国创造了一种机器学习的新算法,这一算法可以自我更新、自我学习。其次是基于超链接的沉浸式辅助,人类可以完全沉浸在机器人所处的环境中。我们不仅可以看到机器看到的东西,而且通过同时覆盖机器人以及人体全身的传感器,可以真正处于机器人所处的环境之中。

## 三、日本科技

19 世纪中期的日本处于德川幕府时代。德川幕府对外实行“锁国政策”,禁止外国的传教士、商人与平民进入日本,也不允许国外的日本人回国,甚至禁止制造适于远洋航行的船只。在此期间,只允许同中国、朝鲜和荷兰等国通商,而且只准在长崎一地进行。此外德川幕府亦严禁基督教传播。

明治维新是日本全面崛起进入工业现代化国家的转折点。19 世纪 60 年代末,日本受到西方资本主义工业文明的冲击,主动采取了由上而下、具有资本主义性质的全盘西化与现代化改革运动。这次改革始于 1868 年明治天皇建立新政府,日本政府进行近代化政治改革,建立君主立宪政体。学习欧美技术,进行工业化浪潮,并且提倡

“文明开化”、社会生活欧洲化，大力发展教育等。这次改革使日本成为亚洲第一个走上工业化道路的国家，这是日本近代化的开端。

通过明治维新，日本的综合国力迅速提高，并跻身帝国主义列强行列，但最终走上了对外侵略扩张的军国主义道路。

1945 年 8 月 15 日，日本政府接受《波茨坦公告》，宣布无条件投降。日本在美国的帮助下，采取了体制改造、经济复苏、发展教育等有力的举措。

一是改造战前的科研管理体制、研究机构院所，优化研究力量，发展自然科学研究，发展民用科技。

二是借助美国的扶持援助振兴经济，从而加大对科学技术的投资。这些投资主要分布于国家掌握的大型科研项目如人造卫星、运载火箭、大型计算机等。20 世纪六七十年代，日本科研投入占 GDP 的比例已经全球领先。到 20 世纪 80 年代，日本实施了“技术立国”的战略，在基础教育、理论研究、应用研究等各领域加大投入，最终跻身世界强国。

三是始终面向全球发展国民教育，日本战后实施的学校教育自由化、教育行政民主化、加大教育投入等举措，培养与造就了源源不断的科技人才。高质量的科技人才，是产生新思想、新概念、新理论和新发明的基础。

四是面向全球，对标世界一流企业做研发、做产品，在全球激烈的竞争中求生存和发展。

战后日本的科技发展，让世界看到了日本的负重精神、革新精神、创新精神,埋头苦干的作为和团结一致的民族风格。

日本的企业家群体所呈现的不屈不挠的企业家精神,引起了全球认可与关注。我选择几位日本企业家来看看日本的企业家精神是什么?

### (一) 本田宗一郎

本田宗一郎是日本本田汽车创始人。本田宗一郎是继亨利·福特(Henry Ford)后,世界上第二个荣获美国机械工程师学会颁发的荷利奖章的汽车工程师。

本田宗一郎1906年11月17日出生于日本静冈县磐田郡光明村打铁匠本田仪平家中,为家中长子。本田自幼便对机械表现出了一种特殊的偏好。16岁的他不顾父亲坚决反对,毅然来到东京一家汽车修理厂当学徒。6年学徒生涯结束后,他在滨松市开设了一家汽车修理厂。

1934年,本田宗一郎创建了东海精机公司。1944年,本田宗一郎成功研制螺旋桨自动切削机,这项发明取得了40项技术专利。

1946年10月,本田宗一郎在滨松设立了本田技术研究所,主要研究方向是生产纺织机械。1947年,本田宗一郎亲自动手成功研制出50毫升双缸A型自行车马达,这是最早的本田摩托发动机。1948年9月,他在滨松设立本田技研工业株式会社,开始研制开发摩托车。

在经营摩托车获得成功以后,本田宗一郎于1962年开始涉足汽车生产。不顾一切地投入汽车开发,结果获得极大成功。

本田宗一郎作为一个技术员出身的实业家，不仅有着极其旺盛的创造热情和能力，而且还有一种与众不同的超凡预见能力及冒险精神。因其自知不善于经营管理，于是，他主动联系到了藤泽武夫。当藤泽武夫于1949年10月以常务董事的身份加入本田后，本田宗一郎就将公司的全部经营实权放心地交给了藤泽武夫，自己则只埋头于技术开发，不断拿出技术先进而又适销对路的产品。两人几十年的合作发展壮大了本田公司，使其成为名震全球的跨国集团。

1952年，本田宗一郎从美国、德国、瑞士等地引入价值4.5亿日元的设备投入生产。由于加工设备先进，加之其他多方面因素的综合作用，本田产品一直保持着畅销，在激烈的市场竞争中站稳了脚跟。

1991年8月5日，本田宗一郎因肝功能不全，在东京顺天堂医院去世，享年84岁。

### （二）盛田昭夫

盛田昭夫是索尼公司的创始人。1921年他出生在日本爱知县名古屋市的一个富裕家庭，是盛田家族的第15代长子，其祖上经营了数百年的“子日松”酿酒公司在当时已闻名日本。盛田昭夫勉强可以算“富二代”，但是盛田昭夫没有按照其父亲的愿望，成为一名继承家族事业的清酒老板，而是把他的一生投入到他最爱的电子产业，创造索尼，走向国际，影响了一个时代。

初中时，盛田昭夫迷恋上了电子技术，并做出了一些简易的电子产品，但因其将课余时间全部用在了个人爱好上，导致学习成绩有所下降，幸运的是，盛田昭夫最终还是进入了第八高中理工部，并在高三时跟随应用物理学教授浅田常三郎学习物理。

1942 年 4 月，盛田昭夫考入大阪帝国大学理工部学习物理。1944 年，23 岁的盛田昭夫从大学毕业后为了避免上前线服兵役，而通过关系进入一家日本军队的研究所，在此期间，盛田昭夫结识了工程师井深大。

1946 年 5 月，在第二次世界大战结束后，盛田昭夫受到了井深大的邀请，两人共同出资在东京创办了东京通信工业株式会社，井深大负责技术和研发，而盛田昭夫则负责技术以外的事宜，之后，盛田酒业公司为东通工投入了 19 万日元的资金。

1950 年，东通工研制出日本第一台磁带录音机，但由于该产品对于日本消费者来说是新鲜事物且价格太高，所以一直没有销路，盛田昭夫转而将磁带录音机销往日本的行政部门，最终在学校、法院取得了不错的反响。

1953 年，盛田昭夫将目光投向贝尔实验室研究出的晶体管，并从父亲那里借来 2 万美元，前往美国购买当时还无人问津的晶体管技术专利。次年，东通工研制出了日本第一台晶体管收音机“TR－55”。

1955 年，由于晶体管收音机在美国市场找不到经销商，于是东通工董事会决定接受一张以其他品牌冠名的订单，但盛田昭夫为了维护企业的品牌形象，不顾董事会的反对而私下拒绝了这笔 10 万台的订单。

1957 年，在盛田昭夫的主导下，东通工研制出了可放入口袋内的便携式半导体收音机，该产品在推出后销量高达 150 万部，其中大部分销往了美国市场。

东京通信工业株式会社在逐渐迈入国际化时，盛田昭夫感觉公司全名过于冗长，有碍国际化发展，于是就和井深大翻阅字典找寻新名称，最终决定使用“SONY”。1958 年 1 月，盛田昭夫和井深大说服了持反对意见的董事会，正式将“东京通信工业株式会社”的名称改为“SONY”（索尼），盛田昭夫开始力推索尼品牌。同年 12 月，索尼股票在东京证券交易所上市。

索尼公司创造市场的秘诀就是不断开发新产品，以新制胜。索尼的发展过程可以说是不惜巨资投入创新的过程。多年来，盛田昭夫领导下的索尼公司每年将 6%的开支用于研究发展新产品，有些年多达 10%，比如 1991 年该公司用于研究开发的预算达 15 亿美元。

盛田昭夫说：“我们的计划是用产品领导潮流，而不是问需要哪一种产品。”索尼公司就是要生产某些市场上从未销售过的产品，实际上是未制造出的产品。

除了不惜投入外，索尼还拥有两支庞大的实力雄厚的科技队伍，承担着费神的创造任务，索尼公司常常以某种新产品独占市场一年或一年多以后，其他的公司才会相信该种产品会成功，于是其他品牌的同类产品也随着上市了，这期间索尼公司已赚了大把的钱，并且又有了新的产品问世，又会以新产品重新占领市场。

从 1955 年至 1965 年 10 年间，索尼公司生产出领先世界的半导体收音机、晶体收音机和固态电路的家用电视机，使索尼公司获得了先驱者的名声。从 1965 年至 1975 年,索尼公司又把彩色电视机等划时代的新产品不断推向市场,使其业务蒸蒸日上。

1999 年 10 月 3 日,盛田昭夫因患肺炎在东京都济生会中央医院逝世,享年 78 岁。

**(三)稻盛和夫**

稻盛和夫 1932 年出生于日本鹿儿岛,鹿儿岛大学工学部毕业。稻盛和夫 27 岁创办京都陶瓷株式会社(现名京瓷 Kyocera),52 岁创办第二电信(原名 DDI,现名 KDDI,目前在日本为仅次于 NTT 的第二大通信公司)。这两家公司都进入世界 500 强。

他认为领导者的选拔标准是德要高于才,也就是居人上者,人格第一,勇气第二,能力第三。他指出热爱是点燃工作激情的火把。无论什么工作,只要全力以赴去做就能产生很大的成就感和自信心,而且会产生向下一个目标挑战的积极性。

2010 年 2 月 1 日,稻盛和夫出任破产重建的日航董事长,到 2011 年 3 月底共 424 天。一年创造了日航历史上空前的 1 884 亿日元的利润,是"全日空"利润的三倍,而前一年同期日航的亏损额有约 1 800亿日元。

担任董事长后,稻盛和夫做的第一件事,就是要明确日本航空公司的经营目标,并将这一目标反复向全体员工传达,让每一位员工时刻牢记自己要做什么,公司要做到什么。"我觉得,只有把员工的幸福放在第一位,大家团结一心,经营者与员工的心灵产生共鸣,企业才能走出困境,才能获得健康发展。"

在日本航空公司，稻盛和夫用自己的经营哲学和人生观，对企业进行改革，尤其是对“官僚体制”进行了彻底的改革。“我首先对企业的经营服务意识进行了改革。制定了40个项目的服务内容，让员工和我一起拥有共同的价值观，拥有共同的经营理念，做到‘物心两面’一致，形成了日本航空公司新的企业理念。”

### （四）松下幸之助

松下幸之助（1894—1989），是日本著名跨国公司松下电器的创始人，被人称为“经营之神”。

松下幸之助很注重对员工的教育。每周都要在员工大会上作演讲，并制订了松下员工守则，还创作了松下的歌曲，使团队凝聚力大大提升，每个松下员工都以自己是松下的一员而自豪。所以在松下公司很少出现劳资纠纷。“终身雇佣制”“年功序列”等日本企业的管理制度都由他首创。

少年时代的松下幸之助只受过4年小学教育，因父亲生意失败，他离开家到大阪去当学徒，开始做自行车的生意，然后对电器感兴趣。1918年，23岁的松下在大阪建立了松下电气器具制作所，当时环境很艰苦，但松下幸之助带领制作所员工一同努力、创新，连续推出了先进的配线器具、炮弹形电池灯、电熨斗、无故障收音机、电子管、真空管等一个又一个成功的产品，7年之后，松下幸之助成了日本收入最高的人。

松下幸之助为人谦和，他用一句话概括自己的经营哲学：“首先要细心倾听他人的意见。”

松下坚持薄利多销的原则，多考虑消费者和代理商的利益，并能兼顾企业的利益。

松下电器产业株式会社始终以“为了使人们生活变得更加丰富、更加舒适，并为了世界文化的发展作出贡献”为经营理念从事着企业经营活动。经历一百多年的奋斗，现在已成为世界著名的大型电子企业，并在世界各国开展着业务。

松下公司是一家跨国性公司，在全世界设有230多家分公司，员工总数超过250 000人。2007年全年的销售总额为700多亿美元，位列世界制造业500强的第59位。

讲一则松下幸之助的求职故事。松下幸之助年轻时家境贫寒，为了养家糊口，他到一家大电器公司求职。矮小瘦弱、身着又破又脏的他被公司的人事部门主管谢绝了：“我们现在暂时不缺人，你一个月以后再来看看吧。”本是推托之辞，可一个月后他真的来了，那位负责人又推托说有事，过几天再说。隔了几天他又来了，如此反复了多次，主管只好直接说出了真话：“你这么脏是进不了我们公司的。”于是他立即回去借钱，买了一身整齐的衣服穿上再来。负责人看他如此实在，只好告诉他：“关于电器方面的知识，你知道得太少了，我们不能要你。”不料两个月后，他再次出现在人事主管面前：“我已经学会了不少有关电器方面的知识，您看我哪方面还有差距，我一项项弥补。”这位人事主管盯着态度诚恳的他看了半天，才说：“我干这一行几十年了，还从未遇到像你这样来找工作的。我真佩服你的耐心和韧性。”结果，松下幸之助的毅力终于打动了这位人事主管的心，他终于如愿以偿地进入那家公司工作。

### （五）丰田喜一郎

丰田喜一郎(1894—1952)，丰田汽车公司的创始人，日本汽车工业的先驱者。丰田喜一郎对汽车工业的重大贡献在于对生产过程的科学管理方面。他创造的“丰田生产方式”，将传统的整批生产方式改为弹性生产方式，经后来的公司副总裁大野耐一进一步发展之后，成为完善的“精益生产”模式。

丰田喜一郎出生于1894年11月6日，其父亲丰田佐吉既是日本有名的纺织大王，也是日本大名鼎鼎的“发明狂”。

丰田佐吉为了发展自己的工厂，将长子丰田喜一郎送到东京帝国大学工学系机械专业读书。大学毕业后，丰田喜一郎来到父亲的“丰田纺织株式会社”当了一名机师。

当他发现汽车能给人们带来极大方便时，预感到这一新兴行业具有广阔的发展前景，决定将其作为自己的事业发展方向。

1933年，在丰田喜一郎的一再要求下，丰田佐吉同意公司设立汽车部，并将一间仓库的一角划作汽车研制的地点。丰田喜一郎以此为基地，于当年4月购回一台美国雪佛莱汽车发动机进行反复拆装、研究、分析、测绘。在研究这台发动机的过程中，他产生了指导日后公司发展战略的认识观点：“贫穷的日本需要更为廉价的汽车。生产廉价汽车是我的责任。”

1933年9月，丰田喜一郎着手试制汽车发动机，拉开了汽车生产的序幕。1934年，他托人从国外购回一辆德国产的DKW前轮驱动汽车，经过连续两年的研究，丰田喜一郎于1935年8月造出了第一辆“丰田GI”牌汽车。

1934年9月，丰田喜一郎和他的研发组的第一个成果是动力强劲的3 389毫升6气缸直列发动机，机型为A型，最大功率可达47.8千瓦。1935年夏，丰田喜一郎开发了A1型小客车。1935年8月，丰田喜一郎领导下的公司生产出他们的第一辆卡车，称为G1型汽车。随着卡车生产步入正轨并不断改进，丰田喜一郎着重把注意力放在小客车的完善上。

到1936年底，继A1和AA小客车及G1卡车之后，丰田公司又生产出AB型四门旅行车。

丰田喜一郎于1937年8月27日另立门户成立丰田汽车工业株式会社。

在丰田喜一郎老家的大厅中挂着一个条幅，从来没有摘下来过，上书“百忍千锻事遂全”七个大字。这句汉语的意思是：你坚韧不拔，千锤百炼，就一定会成就一番事业。

言必行，行必果。丰田喜一郎带领“丰田人”在制造日本国产汽车的道路上一往无前、奋勇前进，先后研制出了A型六缸直列汽车发动机、A1型轿车、AA型轿车、AB型四门敞篷旅行车。虽说生产轿车是丰田喜一郎的梦想，不过根据当时时代的需要，丰田还生产了不少卡车，可谓硕果累累。

任何科技的发展，都离不开人才。人才的培养不是一朝一夕的事情，需要强大、持续的国民教育。

日本教育始于明治维新，教育体制从近代化到现代化，契合现代教育的节奏，符合科学规律。教育体系的完善要解决基础层、社会需求中间层、高级甚至全球顶尖人才层的体系的扎实构建。

日本重视制定教育的长远规划，通过一以贯之的教育体制和机制，涵养浓厚的学术氛围，培养更多的人才。

日本2001年制定了50年拿下30个诺贝尔奖的国家规划。2001年至今，日本每年都有诺贝尔奖得主。

如何构建现代教育体系？主要靠投入。日本明治维新后，变成了和西方同步的现代化国家。教育和日本的国家实力形成了相辅相成的关系。

数据显示，日本甲午海战战胜中国后，通过《马关条约》获得的中国赔款，其中2.8%（超过1 000万日元）用于日本的义务教育，到1898年日本基本普及了国民教育。作为中国人，看到这些数据，深感痛心，更需要醒悟！

对教育和科技工作者的尊重已成为日本的文化。日本的货币上印上了科学家、教育家的头像，这在全球都是少见的。

日本的家庭教育，配合学校教育，注重细节。例如，日本家庭让孩子帮着做家务，培养孩子的责任感、自立感等；父母给孩子创设与其他小朋友交往、与大自然接触的机会；为孩子买东西，会控制，培养孩子努力、忍耐和多加思索的精神，学会自控和忍耐；孩子做错事时，以父母之爱严加斥责、严加管教，大人也注意不做出轨的事，做一直能让孩子信赖、尊敬的长辈；父母要与孩子一起讨论，定出明确的家规,父母和孩子都会遵守;给孩子单独房间的同时,也给他们定好规矩,比如,孩子回家后必须先到起居室再进自己的房间;孩子的房间不上锁;父母觉得有必要时可以进入孩子房间等。

日本后藤俊夫所著的《工匠精神:日本家族企业的长寿基因》一书,对日本的手艺传承作了分析。

在日本,工匠精神被称为“职人精神”。它始于6世纪,距今已有1 500多年漫长的历史。日本的职人精神源于中国,也是日本成为长寿企业大国的重要因素。

后藤俊夫提出,日本持续经营百年以上且至今仍存在的长寿企业有25 321家,约占全球的35%。

日本上百年的长寿企业中,从事酿酒、日式糕点、旅馆、餐饮店等传统产业的占一半以上,但也有从事金属加工、电子等近现代产业的,也有转型从事火箭零部件、磨具制造等尖端技术行业的。

可持续经营模式蕴藏于长寿企业之中,其原因有四点:第一,“三方共赢”中的社会公用事业导向;第二,与利益相关者保持长期互信;第三,量力经营;第四,避免浪费地球上的有限资源。

再从具体经营的角度,日本长寿企业有六个方面的特点:第一,立足于长期视野的企业经营理念;第二,重视持续的成长;第三,构筑和强化自身优势;第四,长期重视与利益相关者的关系;第五,确保企业安全;第六,具有让下一代传承下去的强烈意愿。

后藤俊夫总结的长寿企业基因是理念,是一种精神。但是,基因科学告诉我们,父母不能将性格、心智等非基因因素遗传给下一代。

所以，企业家无法回避企业的代际传承问题。企业家精神不能通过基因传承。企业传承的是资产、业务模式、资本等因素。新一代企业家，在传承父辈创造的企业的同时，要面对一个新的开始。接手的是企业，要面对的是事业。

李克强总理在2016年3月5日的《政府工作报告》中强调了工匠精神的重要性。中国开始重视传统工匠精神，并以开放心态向富有工匠精神传统的日本、德国等国家学习。

## 四、英伦科技

英国是一个诞生了诸多科技发明的国度。除了瓦特改良的蒸汽机，在涡轮喷气发动机、人工智能技术的发明方面也充满了故事性。

### （一）涡轮喷气发动机

弗兰克·惠特尔（Frank Whittle），1907年生于英国的考文垂市，从小便对航空有浓厚兴趣。人生的命运往往充满戏剧性。1923年，16岁的惠特尔考入英国皇家空军见习学校，刻苦学习3年，在学习成绩榜上名列第7，学校原定选送前6名优秀学员到克兰威尔皇家空军学院深造，但因第6名学生视力检查不合格，惠特尔有幸成为递补者进入航空军官训练的行列。

在皇家空军学院，除了学习航空机械实践课之外，还广泛学习航空理论课程。惠特尔勤于思考，他很快发现：驱动螺旋桨的活塞式发动机当飞行速度极限为650千米/小时,能否再突破?惠特尔想找到一条克服活塞式发动机局限性的根本出路。1927年,惠特尔大胆预言:未来飞机将以喷气发动机为动力。

1929年底,年轻的惠特尔设计出一台喷气发动机。1930年初,惠特尔向英国专利局申请了喷气发动机专利。1936年3月,在朋友的帮助下,专门为生产惠特尔设计的发动机而组成的喷气动力公司正式成立,惠特尔任名誉主任工程师。1935年底,惠特尔设计了他的第一台试验机,定名为WU试验机。1937年4月12日,WU试验机首次试车,这次试验被看成是涡轮喷气发动机诞生的标志。

在英国军方的财政支持下,1940年7月,惠特尔终于制造出稳定工作的喷气发动机。1941年5月15日,试飞员萨伊尔驾驶着英国第一架喷气式飞机腾空而起。惠特尔经过十几年百折不挠的努力,终于取得了成功。从此,世界航空工业从“螺旋桨时代”进入“喷气式时代”。

在惠特尔研制喷气式发动机的过程中,遭遇过他人或组织的不理解、不支持,但是他坚忍不拔,永不放弃,帮助了英国及盟军改良战斗机,提高了战斗力,为第二次世界大战的胜利作出贡献。

1948年5月,英王乔治六世代表英国政府封惠特尔为爵士,并奖励他10万英镑(当时相当于40万美元),公开承认惠特尔对发展喷气技术所作的贡献。1948年6月,惠特尔从英国皇家空军退役,到英国海外航空公司等单位当顾问。1976年惠特尔移居美国,在安纳波利斯的美国海军学院任教。

### （二）雷达的发明

1934 年，英国人罗伯特·沃特森·瓦特（Robert Watson-Watt）受命担任英国皇家无线电研究所所长，负责对地球大气层进行无线电科学研究。一天，他像往常一样坐在荧屏前观察接收回来的电磁波图像，突然，他的目光被荧屏上的一连串亮点吸引住了。从亮度和距离分析，这些光点完全不同于被电离层反射回来的无线电回波信号。原来这些亮点是被附近一座高楼反射回来的无线电信号。瓦特将自己的发现和想法写成报告，英国空军部如获至宝，立即下令拨款试验。

根据上述的设想，瓦特和一批英国电机工程师终于在 1935 年成功研制第一部能用来探测飞机的雷达。到 1939 年，雷达技术已达到了完全实用的地步。这项发明在第二次世界大战中显示出了它的巨大威力。英国政府在瓦特的建议下，拨出巨款在沿海一带迅速建造了许多雷达站，构成雷达网。当德国飞机从海面来袭击英国本土时，英国雷达站就能提前预测，极大地帮助了英国对领空的防护，使英国尽可能减少了损失。

今天，种类繁多的雷达已广泛应用于航空、航海、气象观测等方面，为人类社会的发展作出了积极的贡献。

### （三）人工智能之父

艾伦·麦席森·图灵（Alan Mathison Turing），英国数学家、逻辑学家，是公认的人工智能之父。

图灵对于人工智能的发展有诸多贡献，提出了一种用于判定机器是否具有智能的试验方法,即“图灵试验”。此外,图灵也为现代计算机的逻辑工作方式奠定了基础。

1949 年,图灵成为曼彻斯特大学(University of Manchester)计算机器人实验室的副院长,致力于研发 Manchester Mark 1 型号储存程序式计算机所需的软件。1950 年他发表论文《计算机器与智能》(*Computing Machinery and Intelligence*),为后来的人工智能科学提供了开创性的构思。他曾提出著名的“图灵试验”,指出如果第三者无法辨别人类与人工智能机器反应的差别,则可以论断该机器具备人工智能。图灵的机器智能思想无疑是人工智能的直接起源之一。而且随着人工智能领域的深入研究,人们越来越认识到图灵思想的深刻性。

“图灵试验”由计算机、被测试的人和主持人组成。计算机和被测试的人分别在两个不同的房间里。测试过程由主持人提问,由计算机和被测试的人分别做出回答。观测者能通过电传打字机与机器和人联系(避免要求机器模拟人的外貌和声音)。被测人在回答问题时尽可能表明他是一个“真正的”人,而计算机也尽可能逼真地模仿人的思维方式和思维过程。如果试验主持人听取他们各自的答案后,分辨不清哪个是人回答的,哪个是机器回答的,则可以认为该计算机具有了人工智能。

为了纪念图灵对计算机科学作出的巨大贡献,美国计算机协会(ACM)从 1966 年开始设立一年一度的“图灵奖”,以表彰在计算机科学中作出突出贡献的人,“图灵奖”被喻为“计算机界的诺贝尔奖”。

## 五、硅岛台湾

面向未来，人工智能、5G 无线通信、物联网、智慧机械、车联网、增强现实（AR）、虚拟现实（VR）、高效能运算芯片（HPC）等领域，无一不需要芯片半导体的支持支撑。中国台湾地区，在这方面富有底气，作好了准备。

1974 年，中国台湾地区急需寻找未来产业以实现转型突破。当年一批重量级的人物（潘文渊、费骅、孙运璿、方贤齐、高玉树、王兆振、康宝煌等）经过讨论商议，决定以集成电路技术作为产业发展蓝图，勾勒出了台湾地区未来转型高科技产业的愿景，并决定以最有效率的方式在美国寻求合作伙伴，引进集成电路研发、制造、封测等技术。

1974 年 7 月，潘文渊在台北圆山饭店闭关一周撰写了《集成电路计划草案》，台湾地区当局召开专案会议，并于 8 月 17 日正式核定该计划。

随后，潘文渊在美国召集海外学人组成电子技术顾问委员会（Technical Advisory Committee，简称 TAC），并遴选美国无线电公司作为技术转移的合作伙伴，选定引进 CMOS 技术。

随后，“台湾工研院”成立电子工业研究发展中心，作为发展集成电路计划的执行单位，并提出了发展电子表、通信产业集成电路等长远规划。

1976 年 4 月,经过招募培训的 19 人团队前往美国招募半导体人才。如今,这批人已成为台湾地区电子科技业中重量级的人物。现任台积电副董事长的曾繁城,就是当初赴美的 19 人团队之一。

1977 年 10 月,台湾地区首座集成电路示范工厂正式落成启用,技术成效超乎预期。1980 年,台湾第一家半导体制造公司联华电子正式成立。此后,美、日、韩均已看出集成电路对国家发展的影响重大,无不积极投入,国家间兴起技术保护主义,让中国台湾很难再从海外获得技术转移。1984 年台湾地区推出“超大型集成电路(VLSI)计划”,自行投入研发,隔年邀来曾任美国德州仪器全球副总裁的张忠谋,担任“工研院”院长。在张忠谋等人的建议与支持下,1987 年成立台湾集成电路制造公司,首创专业的晶圆代工模式,并逐步走向垂直化的分工模式。

20 世纪 90 年代开始,台湾地区的半导体产业链逐渐完备,代表性公司有台积电、联电、日月光、联发科、群联、稳懋、旺宏、华亚科、南亚科等。

台湾地区的集成电路技术垂直分工与产业群聚纵横结合,弹性高、速度快、定制化服务、低成本,具备独有的竞争优势。2017 年,在台湾地区的半导体产业链的产值结构中,晶圆代工占 49%、芯片设计产业占 25.1%、半导体封装测试产业占 19.4%、记忆体产业占 6.5%,总产值达 810 亿美元,仅次于美国、韩国,全球排名第三。

台湾地区的半导体产业发展是从无到有,由人为推动的。如果说硅谷半导体存在自然生长，台湾地区的半导体则是移植发展。其中，在探讨产业转型压力之下谋求新路的决策具有长远的眼光。在后续推进措施方面，积极引进人才，台当局果断采取孵化、企业运作、产业链延伸的措施，每一步都走得很扎实。

## 六、战斗民族

1547 年，莫斯科公国大公伊凡四世加冕为沙皇，俄罗斯国家诞生。1721 年，彼得一世在与瑞典王国进行大北方战争胜利后，加冕为皇帝。1812 年，俄罗斯帝国在俄法战争中，成功击退了法兰西第一帝国皇帝拿破仑一世亲自率领的法国军队。俄罗斯帝国在 18 世纪开始现代化并到处扩张，成为欧洲列强之一。

20 世纪初开始，俄罗斯帝国的实力开始下降，人民也对现状日渐不满。1905 年，沙俄在日俄战争中被击败。1914 年，俄国卷入第一次世界大战。1917 年 3 月（俄历 2 月），俄国二月革命爆发，尼古拉二世退位，君主制的俄罗斯帝国灭亡。

1917 年，列宁领导十月革命，推翻了二月革命后成立的临时政府，并退出第一次世界大战，改国名为俄罗斯苏维埃联邦社会主义共和国（简称苏维埃俄国或苏俄）。

1922 年，苏俄和乌克兰、白俄罗斯、外高加索联邦等国组成了苏维埃社会主义共和国联盟（简称苏联），苏联作为一个主权国家成立了。

苏联实行的高度集中的计划经济体制,“集中力量办大事”,使得苏联的重工业在第二次世界大战前就十分发达。苏联国土广大,资源丰富,丰富的资源促进了工业发展,工业又进一步促进资源开发。

第二次世界大战后,苏联作为在战争中付出巨大代价的正义参战国,从德国获取了大量技术,加上国内集中精力发展科学技术,其科技实力一度领先世界。苏联时期研制的矢量发动机是当时世界上最先进的发动机,还有各种军工业装备如核动力航母等,在某些技术领域曾一度超越美国。

苏联实施免费教育、免费医疗政策,在文化、卫生等方面也是积极投入,这为科技研究提供了优秀的人才保障。当年苏联集中了世界上四分之一的研究人员,再加上社会制度的高效率造就了强大的国力。比如,苏联发射了第一颗人造卫星,并首次将宇航员送入太空。

苏联实行中央集权、计划经济,同时注重培养人民爱国热情,调动人们的积极性,这些因素使得苏联科技高速发展。

苏联一直强调重工业的发展,国家制定的多个五年计划都是以重工业为重点,在短期内就完成了国家的工业化。到苏联解体之前,其经济总量一直都是世界第二,其中大部分都是工业产值。

苏联的历史告诉我们一个经验:科学技术与经济产业之间是相辅相成的,强大的科技可以推进强大的经济,强大的经济能进一步保障科技的持续投入与发展。

今天,世界仍然不可忽视俄罗斯的科技潜力。

俄罗斯国土面积为 1 709.82 万平方千米，是世界上面积最大的国家，截至 2017 年，俄罗斯人口 1.445 亿。目前俄罗斯城市就业人口中，每 1 000 人中有 938 人具有高等或中等文化水平。

俄罗斯从苏联继承了 70%的科技潜力，当今世界能与之媲美的只有美国，尤其是在军工科技领域和航空航天科技方面。军工和航天涉及电子、通信、自动控制、大气物理、天文、材料学、动力学等许多领域。在各类尖端武器的研制方面，俄罗斯和美国堪称世界双雄。目前俄罗斯在物理学、计算科学和环境科学领域从事研究工作的人员数仍略高于美国。

俄罗斯在转型过程中，注重保存现有科技实力，稳定科技队伍，保持科技研发的完整性，继续维护了世界科技大国的格局。俄罗斯现在设立了“国家科学中心”和“科研-生产中心”，有助于科技研发转换为高科技产业。

科技发展需要人才和资金投入，但是，俄罗斯的科技潜力巨大，只要政府继续重视高科技的发展，未来其科技水平仍旧可以领先世界。

# 第十一章 | 探讨与展望

在马克思看来，科学是一种在历史上起推动作用的、革命的力量。

——恩格斯

恩格斯曾在纪念战友马克思的讲话中说："在马克思看来，科学是一种在历史上起推动作用的、革命的力量。"在我们这个时代，讨论经济增长问题总让我们精神振奋，很多人都陶醉在经济增长的激情之中。在这样的时代，我们应该如何看待科技的理论？如何看待创意之于经济增长的作用？

经济学家已经预测，任何非线性增长对人们来说都非常难以驾驭。创意经济领域所面临的很多问题都令人振奋，却又难以驾驭。尤其是在中国目前的经济体制改革与转型过程中，创意经济增长面临许多特殊的问题。解决这些特殊问题的方法必须置于中国的国情之下，势必具有创意经济的共性，同时也具有中国的特殊性。

回顾前述研讨，我们必须直面如下五大课题：

一是激发国民创造精神。

古斯塔夫·勒庞曾说："民族精神赋予了一个民族以力量，这种精神是通过世世代代的缓慢积累和沉淀形成的，其中包括思想、情感、民俗乃至一些陈规陋见。如果这种民族精神不存在，每一代人都必须从头开始，人类的进步也就无从谈起。"

陈旧的封建经济体制无法激发个人的创造发明，导致了我国在近两百年失去了与西方社会在科技领域一起进步的历史机遇。中华民族也为封建政治、经济体制而付出了"落后挨打"的沉重代价。

从 1949 年到 1978 年，我国在公有制为基础的经济体制框架之下实行计划经济体制，创意经济的组织体系也是严格按照计划经济的形态进行组织。这一时期的所有制与分配机制，促进了我国有组织地动用生产资源（含劳动力资源），进行集体创意和技术创新，快速有力地推进了我国国民经济的恢复和发展。但是，计划经济体制无法激发全面创意，无法灵活有效地激发更多丰富的原创型技术进步和创意发明。

1978 年至今，我国进行了全方面的体制、机制改革，激发了劳动者的积极性，也促进了原创力的发展。在农业领域，因为家庭联产承包责任制等制度创新，农村居民主动采用创新技术，有效促进了农业发展。在工业领域，乡镇企业、个体企业、三资企业的技术创新绩效明显。国有企业在改革过程中，也加快了技术创新与新技术应用的步伐，工业整体发展较快。在第三产业，个体创意的激发点更为多元,为此新技术、新发明不断涌现。

在我国经济体制转型时期,如何通过国民精神的提振,通过恰当举措,更有效地解放生产力,促进全民创造力的爆发,这是一大课题。德国、日本、以色列这些国家的成功做法,值得学习借鉴。

二是保障全民创造力的法制建设。

原美国商务部副部长罗伯特·夏皮罗(Robert Shapiro)在《下一轮全球趋势》(*How Superpowers, Populations, and Globalization Will Change the Way You Live and Work*)中预测:人口变迁、经济全球化效应、地缘政治新格局的历史性力量将会改变我们的日常生活,全球化所到之处,如果能够掌握先进技术,那么投资回报率就会大幅提高;强力推动全球化进展的信息技术将是导致贫富差距日益扩大的部分原因,思想创意已经取代实物资产成为财富积累和经济增长的主要源泉。可见,全球发达国家已经深谙创意经济带来巨大附加值、提升国家竞争力的门道。

罗伯特·夏皮罗指出,20 年前,美国排名前 150 的大公司实物资产的账面价值占其股票总市值的 75%,到目前,美国企业用于知识产权等无形资产的投资已经与厂房、设备、办公楼等不动产的投资不相上下。各大公司大约有 2/3 的价值来源于无形资产,这主要体现在他们掌握的知识、理念、客户关系等方面,包括专利和版权、数据与品牌以及用以践行其理念的组织安排和人力资源。

罗伯特·夏皮罗认为,中国要成为一个自立自强的世界经济强国,在很大程度上取决于中国能否在 10 年或 15 年之内完成其他现代化国家良性发展所经历的经济、社会变革，同时不牺牲经济快速增长。

中国亟待实现发展模式的转型，提高劳动者的主观创新意志和创新能力，推动宏观经济的快速发展。在如何激励创新，保障知识产权方面，美国、英国、新加坡等国家的做法和经验值得借鉴。

三是提高国家科技研发投入绩效。

我国在经济体制改革过程中，需要提高国家科技研发投入的绩效。我国目前 GDP 总量已经排全球第二，每年在科技研发上的投入已经排全球第五，但要产出全球顶尖的成果，还有很长的路要走。

四是处理好意识形态与人文科学的统筹发展。

诺斯认为，影响人的经济行为的除了司法、金融和政治制度，还包括非正式的行为准则——道德规范或社会交往中的伦理基础。这些准则是以往经验的积累，并能规范将来的行为，继而稳定社会关系。意识形态是将个人或集体行为理性化的思维力量，是一种文化学习的形式，能引导我们的行为。

进一步深化文化事业、文化产业体制创新，统筹意识形态与个性化文化艺术的发展是一大课题。不同的经济基础决定不同的经济组织模式。毋庸置疑，因为我国与西方国家有不同的经济基础，所以必然匹配不同的创意发展体系。共性与个性，如何统筹？这是一个课题。

五是传统文化精华与现代文化的协调发展。

中国有五千年的文明史，祖先为我们留下的创意成果灿若星河。

但是,历史的教训也非常深刻。回望历史,我们必然珍惜今日的和平环境,更盼一个全民创意时期的到来。传统文化精华与现代文化的协调,是一个复杂的文化学、社会学问题,更是一个经济学问题,需要系统的制度设计。

回望过去,未来可期。未来中国要做到以下几条:

一是完善法制和激励体系,包括法律制度、行政管理制度、激励制度等多个方面。在所有制度设计之中,首要的是加大知识产权保护,确保创造发明及创作的知识产权归属明晰,保障科研人员的合法权益,消除因为制度不健全给科研人员带来的"担忧"。马歇尔在《经济学原理》一书中指出,人类劳动的动机无非是"追求满足"与"避免牺牲",科研人员、人文学者可以奉献,但是不能"被牺牲"。要完善《著作权法》《专利法》《商标法》《反不正当竞争法》《物权法》等法律,同时也要做到"有法可依,执法必严",针对个别案例也要考虑科技研发的特殊性,适度创新,避免出现"图灵悲剧"。

二是教育改革要顺应时代大潮。未来的中国,要靠今天我们培育的人才。除了国家的教育支出,我们在企业和社会的教育投入方面,还有很大的潜力可挖,需要配置相应的开放和引导政策。

三是对科研领军人才的"包容并蓄"。领军人才、核心人才,是所有科技研发的发动机。但是,这些独特的科研人才,却是一个脆弱的"种群"。华人诺贝尔奖获得者不在少数,我们要对民族智慧树立信心。对科研人才的引进,必然存在争议,需要通过配套的入籍改革、移民政策等,做到抓大放小,实现“兼容并蓄”。户籍制度、社保制度,是制约人才自由流动的两大主要因素。目前我国户籍制度、社会保障体系还在改革进程中,改革户籍制度,完善社会保障体系,配套人才移民政策,时不我待,这需要国民财富垫底,也需要制度创新突破。

四是推进研发机构的重新布局。因为客观的历史原因,我国科研院所的分布,高等院校科研力量的分布,存在严重不均衡的现状,这直接影响到科研的效率,需要作布局调整。我国普遍存在研发组织“小而全”的问题,需要引导创意组织兼并重组。在企业层面,科技研发型企业需要做“大”,而不是做“全”。中国需要更多的华为。

五是切实推进科技布局的条块梳理与合理整合。我国科研的国家战略与省区战略,中央投入与地方投入,如何真正做到“全国一盘棋”,需要统筹协调和动态调整。全国重点项目全国抓,地方重点项目地方抓,实现重点突出,避免遍地开花。各个省区的科研基础存在差异,省区之间存在长期重复投资、恶性竞争的情况。唯有条块梳理、合理整合,方有未来。

六是完善金融科技资本市场。我国已经出台了多项税收优惠和扶持政策,极大地促进了各行业积极投入科技研发。但是,目前我国大批企业因为无法解决发展中的融资问题,科技发展难以为继,更难以做大做强。目前,我国在计算机、通信、软件等领域已经实现了多元资金投入,显示出巨大的产业活力,未来还要探索在文化产业方面的金融创新措施。

七是实现科技出口。一个国家加强与其他国家的政治、经济、文化交流,有利于先进技术的引进,有利于文化繁荣,更有利于在“边干边学”的过程中实施赶超战略。科技与文化要走出国门,主要依靠人才和资本。我国要建立全球化的人才网络组织,同时要培育一批跨国企业,才能最终构建跨国的产业链。例如,我国近年来在互联网领域出现了 BAT、小米这样的企业,有可能在国际上实现业务拓展。

2020 年 1 月 21 日,科技部、发改委、教育部、中科院、自然科学基金委联合发布了《加强“从 0 到 1”基础研究工作方案》,该方案的目标是充分发挥基础研究对科技创新的源头供给和引领作用,解决我国基础研究缺少原创性成果的问题。《方案》作出判断:“当前,新一轮科技革命和产业变革蓬勃兴起,国际竞争向基础研究竞争前移,科学探索不断向宏观拓展、向微观深入,交叉融合汇聚不断加速,一些基本科学问题孕育重大突破,可望催生新的重大科学思想和科学理论,产生颠覆性技术。加强‘从 0 到 1’的基础研究,开辟新领域、提出新理论、发展新方法,取得重大开创性的原始创新成果,是国际科技竞争的制高点。‘从 0 到 1’原创性突破,既需要长期厚重的知识积累与沉淀,也需要科学家瞬间的灵感爆发;既需要对基础研究进行长期稳定的支持,也需要聚焦具有比较优势的领域,进一步突出重点,有所为、有所不为。”同时,《方案》对优化原始创新环境、强化国家科技计划原创导向、加强基础研究人才培养、强化国家重点实验室原始创新、提升企业自主创新能力等方面作出明确部署安排。《方案》令人振奋! 这个《方案》的出台时间,也是本书写作收尾的时间,笔者为自己过去十年跟踪研究的课题,突然释怀。

陈美东编著的《简明中国科学技术史话》开篇提出："中国古代的科学技术，在一个相当长的时期里居于世界领先地位，有过不少的辉煌成就，对世界文明发展史作出过杰出贡献。但是到了近代，中国科学技术却落后了。中国科学技术为什么古代先进而近代落后，一定有社会的历史的原因。"中国古代的科学技术有独特的组织体系，这个体系一度制约了古代中国人的创新能力，要促进科学技术的快速发展，务必要改革束缚科学技术发展的体制。

罗默模型证实，内生的技术进步、投资率的变化、总人口中研发人员的占比变化，都不会影响到经济体的长期增长率。也就是说，政府对科研加大投入，并不会对国民经济的增长造成负面影响。

德鲁克在其著述《后资本主义社会》（*Post Capitalist Society*）中描述："后资本主义社会最根本的经济资源，不再是资本或者自然资源，也不再是劳动力。无论是现在或者未来，最关键的经济资源一定是'知识'。创造财富的活动，不在于筹谋生产所需的资本，也不在于劳动力的付出，所有价值的创造都由'生产力'与'创新'来创造，这两者都是运用知识于工作之上。"

发达国家在选择自由经济之后，正在构建通过国际法、垄断贸易、专利保护、政府管制等组织体系，确保自己的产业的优势。"学习曲线"让科学技术较落后的国家或地区难以真正"微笑"。我们正处于传统经济模式向新经济模式转型的时期。在经济全球化的推动下，中国面临新一轮挑战。人类正处在一个转型期，中国在这个转型期中是否会成功，有赖于我们的思维模式是否会转型，有赖于我们经济组织的方式是否会转变,有赖于激励我们努力工作的制度体系是否到位。

鲍莫尔曾说:“通常认为私有制经济潜在地具有创新的偏好,但并非如此,它只有趋利的偏好。”其实,体制只是解决生产资料与人力资本的组织方式与分配策略,它不是打开创意经济宝箱的钥匙。在任何体制之下,如果不解决研发人员的激励问题,其创新动力一定不足。所以,无论是科教兴国战略的实施,还是科技创新体制、教育体制、文化体制改革的深入,需要一个系统性激励策略和配套保障机制。

国家兴亡,匹夫有责。只要“所有人”参与创新,形成一大批全球领军的科研人才,集聚一批创意社区,孵化出一大批具有全球竞争力的创新企业,最终实现个人、企业、政府联动发力,“中国创造”的梦想一定会实现!

# 参考文献

1. 马克思、恩格斯. 马克思恩格斯全集[M]. 人民出版社,1963.

2. 兰杰·格拉特,莫汉比尔·萨赫尼,安东尼·鲍利. 未来十年技术和高新技术产业发展趋势[M]. 中国劳动社会保障出版社,2004.

3. 罗伯特·夏皮罗. 下一轮全球趋势[M]. 刘纯毅,译. 中信出版社,2009.

4. 普可仁. 创新经济地理[M]. 童昕,王缉慈,译. 高等教育出版社,2009.

5. 彼得·F. 德鲁克. 后资本主义社会[M]. 东方出版社,2009.

6. 查尔斯·I. 琼斯著. 经济增长导论[M]. 北京大学出版社,2002.

7. 西蒙·佩雷斯. 大梦无疆——西蒙·佩雷斯自传[M]. 吴越,刘洪泽,译. 上海译文出版社,2019.

8. 曼弗雷德·费希尔,贾维尔·迪亚兹,福克·斯奈卡斯,等. 大都市创新体系[M]. 上海人民出版社,2005.

9. 约翰·霍金斯. 创意经济[M]. 上海三联书店,2006.

10. 经济与合作发展组织. 创新集群：国家创新体系的推动力[M]. 科学技术文献出版社,2004.

11. 理查德·弗罗里达. 创意经济[M]. 中国人民大学出版社,2006.

12. 理查德·E. 凯夫斯. 创意产业经济学——艺术的商业之道[M]. 新华出版社,2004.

13. 吉姆·柯林斯,汤姆·彼得斯,马克·瓦默斯,戴维·利德斯凯. 创新的力量[M]. 北京师范大学出版社,2007.

14. 史蒂文·约翰逊. 伟大创意的诞生：创新自然史[M]. 盛杨燕,译. 浙江人民出版社,2014.

15. 安格斯·麦迪森. 中国经济的长期表现(公元 960 年—2030 年)[M]. 上海人民出版社,2008.

16. 斯维·万宁. 犹太创业家揭秘犹太创业者的 8 大成功因素[M]. 机械工业出版社,2014.

17. 詹姆斯·沃森,安德鲁·贝瑞. DNA：生命的秘密[M]. 上海人民出版社,2011.

18. 肯·理查森. 基因、大脑和人类潜能[M]. 中信出版社,2018.

19. 爱德华·威尔逊. 创造的本源[M]. 浙江人民出版社,2018.

20. 斯蒂芬·M. 科斯林,等. 上脑与下脑：找到你的认知模式[M]. 机械工业出版社,2015.

21. 理查德·道金斯. 自私的基因[M]. 中信出版社,2018.

22. 罗伯特·H. 弗兰克，本·S. 伯南克著. 微观经济学[M]. 清华大学出版社，2007.

23. 查尔斯·兰德. 创意城市：都市创新的工具书[M]. 清华大学出版社，2009.

24. 古斯塔夫·勒庞. 乌合之众：大众心理研究[M]. 北京联合出版社，2016.

25. 杰夫·布朗，马克·芬斯克，莉斯·内伯伦特. 成功者的大脑[M]. 中国人民大学出版社，2013.

26. 藤俊夫. 工匠精神——日本家族企业的长寿基因[M]. 中国人民大学出版社，2018.

27. 罗伯特·夏皮罗. 下一轮全球趋势[M]. 中信出版社，2009.

28. 玛丽卢·赫特·麦卡蒂. 非凡的经济智慧——44 位诺贝尔经济学奖得主的卓越贡献[M]. 中国人民大学出版社，2006.

29. 阿弗里德·马歇尔. 经济学原理[M]. 商务印书馆，2005.

30. 阿盖什·约瑟夫. 德国制造：国家品牌战略启示录[M]. 中国人民大学出版社，2016.

31. 内莎·凯里. 遗传的革命[M]. 重庆出版社，2016.

32. 史蒂文·约翰逊. 伟大创意的诞生[M]. 浙江人民出版社，2014.

33. 斯蒂芬·J. 海涅. 基因与命运[M]. 中信出版集团，2019.

34. 何建民. 创造名牌产品的理论与方法[M]. 华东理工大学出版社，2002.

35. 庄志民. 审美心理的奥秘[M]. 上海人民出版社,1983

36. 郭辉勤. 创意经济学[M]. 重庆出版社,2007.

37. 陈美东主编. 简明中国科学技术史话[M]. 中国青年出版社,2009.

38. 蒋三庚,王晓红,张杰. 创意经济概论[M]. 首都经济贸易大学出版社,2009.

39. 杨治. 产业经济学导论[M]. 中国人民大学出版社,1985.

40. 毛林. 根产业经济学[M]. 上海人民出版社,1996.

41. 张景安,马惠娣. 中国公众休闲状况调查[M]. 中国经济出版社,2004.

42. 章海荣,方起东. 休闲学概论[M]. 云南大学出版社,2005.

43. 李振勇. 商业模式[M]. 新华出版社,2006.

44. 王晓红. 中国设计: 服务外包与竞争力[M]. 人民出版社,2008.

45. 张京成. 中国创意产业发展报告[M]. 中国经济出版社,2009.

46. 杨蕙馨. 产业组织理论[M]. 经济科学出版社,2007.

47. 杨雄里,等编著. 大脑奥秘知多少——脑科学初探[M]. 华东师范大学出版社,2018.

48. 赵思家. 大脑使用指南: 其实你活在大脑创造的虚拟世界里[M]. 湖南科学技术出版社,2016.

49. 褚劲风. 创意产业集聚空间组织研究[M]. 上海人民出版社,

2009.

50. 赵鑫珊，周玉明. 莫扎特之魂[M]. 航空航天大学出版社，2009.

51. 孙福良等. 中国创意经济比较研究[M]. 学林出版社，2008.

52. 周若刚. 大思维：集体智慧如何改变我们的世界[M]. 中信出版社，2018.

53. 陈益升. 创新链的启动系统——高技术 R&D 管理体制研究[M]. 知识产权出版社，2007.

# 后　记

本书从构思到写作完成，跨越了十五年。十年如一日，光阴似箭。

2007年，我到上海财经大学拜师何建民教授，从事有关“创意产业机制创新”的博士后课题研究。当时我还是国内最大的IPTV新媒体公司百视通(BesTV)的一名职业经理人。百视通公司于2011年在上海证券交易所主板市场借壳上市。百视通上市后我担任董事会秘书，负责对接资本市场的有关工作。

经历百视通创业、上市全过程，对我而言是一个良好的经历。百视通上市当天市值仅仅78亿元，到2013年，我博士后出站的时候，百视通市值最高超过了500亿元。百视通是中国广播电视新媒体、中国三网融合与互联网产业变革发展过程中的一个典型案例。新兴媒体融合了科技研发与文化创意两个方面的理论与实践。我在工作中时常遇到关于如何做好科技研发投资、如何做大文化产业的问题。

在新媒体领域，我有幸遇到了有很多出类拔萃的领军人物和一批良师益友。例如，百视通董事会领导层的黎瑞刚、张大钟，UT斯达康创始人、资深投资人吴鹰等。各行各业、全球各地的合作伙伴，对我国科技创新、文化创意发展都有独到的见解。我的领导和同事不乏业内知名的技术大拿，如陶鸣成、李怀宇，还有多位业内知名的技术高手同事，他们对我作了很多技术科普。还有一批资本市场的投资银行家、分析师、投资经理，他们具有金融与互联网行业的新锐视角。

我于2009年出版了30万字的《休闲都市论》一书。该书探索的是都市娱乐与休闲产业，属于宏观、中观层面的研究。新的研究困难而迷茫。职业生涯也面临新的选择。

2015年5月19日，百视通启动与东方明珠的换股吸收合并重组，最终于2016年上半年复牌交易。2015年12月31日，我告别了工作16年的国有广电媒体机构，开始风险投资、PE投资和创业。掐指一算，东奔西走，又是五年光阴。在这几年中，我除了合伙创办产业投资基金，撸起袖子投资创业，还在实践中继续跟进我感兴趣的“创造力经济”的研究。

十年历程，历经国有、民营两种体制机制。经历了职业经理人的管理培训和实践，也同时接受了金融投资的熏陶。新的阶段即将开启，我要求自己静下来，对过去的科研作一个小结，对新的体会作一些整理。

本书就是在我的博士后出站报告基础上改写而成的。之所以改写，一是因为时效原因，课题报告中引用的资料数据和案例需要更新；二是因为当时的很多结论和判断随着时间的推移，还需要弥补和完善；三是因为出站报告为相对严肃的学术作品，可读性不强。

本书是改装加新装，类似老酒加新酒，味道未必很佳。投资是一门技术活，创业更是体力活，我自己也是在边做边学。其间也有一些体会：伟大的科学发现离不开好奇和先知先觉；基础理论的突破更青睐专注的天才们；科学技术的进步主要靠良好的经济基础加体制机制，科技项目的完成主要靠资本投入加恰当的管理；小型企业靠创始人，中型企业靠团队，大型企业靠资本；要重视领军人才的特殊作用；科技与文化的基础是国力，背后的推手是人才与资本；科技金融、文化金融大有可为，需要探索规律……

本书不是一本学术专著，属于“随心所欲”的“茶座漫谈”，必然存在体例松散、逻辑不强等问题，书中提到一些待解的疑问，我提供了自己的一些想法，这些并不是真正的答案，还有待读者批评指正，一起探讨。

我要感谢这十多年来在课题研究与企业运营实践过程中遇到的恩师、合伙人，还要感谢我的家人和友人。

2007 年 7 月，经我的师弟吴文智博士建议，我把课题研究的“冲动想法”用电子邮件发给上海财经大学何建民教授，立即得到了何教授的回复，支持我到上海财大作博士后课题研究。四年的研究工作苦尽甘来，意犹未尽。何老师做学问严谨细致、富于创新，对学生言传身教、孜孜教诲。

我的硕士导师庄志民教授对本书提出了许多指导性建议，提醒我要关注最新的国际研究动向。我在本书中作了适当弥补，增添了基因科学、大脑科学、量子理论等领域的最新信息。

最遗憾的是，我的博士导师汪宇明教授已经无法看到本书付梓，他参加我论文开题时的场景恍如昨日。

我从 2008 年开始进行与博士后课题相关的实地调研，收集一手资料。其间，我感到美国全民创新的咄咄逼人，加拿大人科研的厚积薄发，日本企业家的坚韧与执着。走访北京、深圳、香港和工作地上海的很多企业，被无数企业家的创业精神所感动。

中国政府对科技创新的战略部署，以及国内继续增长的消费市场，决定了中国创业仍然处于黄金时期。我国已经推出的主板、创业板、科创板、新三板等多层次资本市场，对科技创新的推进恰到好处。

还要说明的是，互联网上的信息越来越丰富，这给我的研究带来了很大的便利，省却了很多数据查询的时间。但是，这也带来一些问题，例如很多数据还不精确，有的文章已经无法查到其原作者，我对所有无名的网络数据贡献者深表谢意，我们在共同创造，如有被引用的资料需要补充来源说明，请发邮件联系我：zj888@ vip. 126. com，我将在下一版出版前予以弥补完善。

人到中年，身不由己。最近十年，关心家里太少。妻子承担了繁重的孩子养育任务。儿子、女儿从咿呀学语到进入学校读书，成长过程历历在目。我看到幼儿期是人生创意的黄金时期，他们没有约束、没有陈见、没有积习、没有偏执，富有想象。成长带来了理性，也增长了自我约束。我们成年人要拯救创造力，需要找回孩童的心灵。

在工作中，我遇到很多业界精英，他们是我的领导、企业合伙人、合作伙伴、好同事、好朋友。人生美好,一路同行。他们给了我许多智慧的启迪。在此一并感谢!

2021 年 3 月 12 日,新华社受权发布的《中华人民共和国国民经济和社会发展第十四个五年规划和 2035 年远景目标纲要》提出:“坚持创新在我国现代化建设全局中的核心地位,把科技自立自强作为国家发展的战略支撑,面向世界科技前沿、面向经济主战场、面向国家重大需求、面向人民生命健康,深入实施科教兴国战略、人才强国战略、创新驱动发展战略,完善国家创新体系,加快建设科技强国。”作为一名有着学者情怀的职业经理人、创业者、投资人,我从 2007 年开始关于创意经济的研究、对科创与文创体制机制创新进行探索,如今,看到国家力推创造力经济,快心遂意!

中华复兴,匹夫有责。21 世纪是脑经济时代,民族复兴,需要开发 14 亿同胞的大脑新能量。未来属于每一位创新者,属于每一位创造者。未来 20 年,期待看到更进一步的教育体制机制改革创新,看到科技创新的伟大进步,看到文化创意的繁荣昌盛!

本书的结论均可讨论,我用自己的研究成果抛砖引玉,希望能激发读者的思考。从这一点来说,我对科创和文创规律的探索研究不可能结题,我将一直更新我的思考!

启 凡

2021 年 3 月 18 日于上海